美的旅程

# 凝固的符号

## ——建筑、园林欣赏

刘安 编著

石油工业出版社

图书在版编目（CIP）数据

凝固的符号：建筑、园林欣赏 / 刘安编著. —北京：石油工业出版社，2019. 8
（美的旅程）
ISBN 978-7-5183-3478-0

Ⅰ. ①凝… Ⅱ. ①刘… Ⅲ. ①建筑艺术－鉴赏－世界②园林艺术－鉴赏－世界 Ⅳ. ①TU-861②TU986.62

中国版本图书馆CIP数据核字（2019）第127711号

**凝固的符号——建筑、园林欣赏**
刘　安　编著

出版发行：石油工业出版社
（北京安定门外安华里2区1号　100011）
网　　址：www.petropub.com
编 辑 部：(010) 64523610　营销中心：(010) 64523731　64523633
经　　销：全国新华书店
印　　刷：北京中石油彩色印刷有限责任公司

2019年8月第1版　2019年8月第1次印刷
880×1230 毫米　开本：1/32　印张：8
字数：130千字

定　价：38.00元

# 丛书序

美是什么？

古往今来，中西方关于美的本质的理论纷繁复杂，没有统一的定义，但我们基本都同意英国诗人济慈的说法——“美是一种永恒的愉快”。美是一种心情的愉悦，是一种心动的感觉，更是一种心灵的感悟。

审美能力是在一次次的审美体验中获得美的情感，而这种情感的积累就形成了一种审美观念。在健康的审美观的指导下，自觉地去追求美好的事物，去感受美带给人的愉悦与快感，这就是审美追求。

“生活中并不缺少美，而是缺少发现美的眼睛。”“美”很顽皮，它会偷偷睡着，需要轻轻地唤醒它。那么如何才能唤醒和感受美？

《美的旅程》丛书以大艺术的视野，从审美情感培养的角度来诠释审美教育的目的、意义和方法。文字言简意赅，通俗易懂，图文并茂，活泼有趣。

本套丛书共三册：《美的启迪——美学基础知识》《唯美音画——音乐、美术、雕塑欣赏》《凝固的符号——建筑、园林欣赏》。主要介绍美学的基础知识和审美方法，以及对传统的、古典的中外艺术的赏析。

希望这套书能够帮助读者朋友拥有一双发现美的眼睛，在美的旅程中，体验、感受、领悟……领会艺术之美，体味艺术的魅力。

# 前言

古希腊传说有一位歌者奥尔菲斯喜欢唱歌，他的歌声具有灵性。他给木石以名号，他唱着这个名号，凭着歌声木石被催眠，使它们像着了魔一样，跟随他走。他走到一块空旷的地方，弹起他的七弦琴，空地上竟然涌出了一个市场。琴声弹奏完毕，旋律和节奏却凝住不散，出现在市场的建筑里。市民们在这个由音乐凝成的城市里来回漫步，周旋在永恒的韵律之中。著名文学家歌德谈到这段神话时，曾经指出，人们在罗马彼得大教堂里散步时也会有同样的体验，会感觉自己是漫游在石柱林的乐奏中一样享受。所以，在19世纪初，德国浪漫派文学家谢林说了这样一句话："建筑是凝固的音乐。"到了19世纪中叶，音乐家姆尼兹·豪普德曼把这句话倒过来，称"音乐是流动的建筑"。建筑大师阿尔伯蒂认为，建筑每个部分之间的比例关系，就如同音乐上不同弦长所构成的音符，他说"那些使声音组织得悦耳的数字，也就是能愉悦我们眼睛的数字”。建筑与音乐扯上了关系，无形的音乐化成了有形的建筑，而有形的建筑却如同音乐一样使人陶醉。视觉的冲击和听觉的享受如此自然地转换，身处其中，处处感受着世界的奇妙与幻影。

埃及的金字塔、卢克索神庙，希腊雅典的帕特农神庙，意大利的万神庙，巴黎的凡尔赛宫、罗浮宫、凯旋门，等等，大体量的建筑宏伟气派，富丽堂皇，使人震撼。细观之，每一根廊柱，每一个拱券，每一个大门都是一件精美的雕塑艺术品。其象征性是显现的。建筑与雕塑同为一体，建筑是雕塑的载体，雕塑是建筑的精华，所以黑格尔说：“建筑在本质上始终是象征型艺术。”

在西方用雄伟的建筑装点城市的时候，在世界的东方，一个背靠喜马拉雅山，东临万里无疆的大海，幅员辽阔的古老国家，早已建立起自己的王朝，并建筑了无数无比辉煌的建筑群落和风景如画的园林，这就是屹立在东方的中国。回眸历史，秦始皇的阿房宫、汉代的未央宫、唐代恢宏的宫苑与城市建筑群、明清两代建造的紫禁城皇宫等，中国古代建筑因为与世界其他古代建筑不同，在几千年的发展中，虽然多次受到外来势力的掠夺和破坏，却能够在一个广阔的地域内，延绵持续地发展达几千年，其辉煌的成就无不彰显出中华民族的智慧，在世界上独树一帜。

建筑园林艺术的欣赏活动，是一种高尚的精神生活，也是审美追求的过程。欣赏要掌握一些基本的常识，所谓“外行看热闹，内行看门道”。所以，本书对中外建筑中的一些基本常识做了简单的介绍。比如中国古代房子的形式、屋顶的名称、大门的样式等；外国建筑中的廊柱、拱券、穹顶及哥特建筑、巴洛克建筑、洛可可风格、包豪斯建筑等的含义是什么，又有什么特点。

建筑是时代的产物，它是那个时代思想、文化、艺术、科学技术的综合反映。以什么样的思想为基础，那个时代的艺术就会发生什么样的变化，在建筑上也会出现新的形式，建筑也就变成了思想、文化的载体。建筑本身也就成了那个时代审美追求的理想。

中国和西方的建筑有很大不同。在这里西方的概念只是一个泛指，这是因为在4世纪的时候，亚历山大三世、马其顿王国亚历山大大帝在横扫了欧洲、亚洲和北非以后，大力推行“希腊化”，所以古希腊文化对世界产生了巨大的影响。古罗马继承了古希腊的文化艺术传统，法国、德国等欧洲国家都深受它的影响，它的影响还波及波斯和印度等地，所以他们的建筑之间也具有一些共同的特点。

在与中外建筑对比中人们发现，中国古代建筑上的“形式美”“意境美”和中国其他艺术中追求的审美理想竟然是相通的。外国建筑如同雕塑一般，建筑里有雕塑，雕塑包含在建筑中，建筑中追求的“雕塑美”“象征性”和西方其他艺术种类中追求的审美理想也是相通的。审美的价值观、审美的理想都是每个民族哲学思想在艺术领域里的延伸。

所以，对于建筑园林的欣赏与审美活动不是孤立的，而是互通的。同一类型的比较和不同类型的比较相结合，就能从中领略到很多新奇的东西，这种欣赏与审美活动也就变得更加有趣。

中国古人王维的“行到水穷处，坐看云起时”，杜甫的“水流心不竞，云在意俱迟”，都是他们在欣赏大自然时，面对山水林泉发出的感慨，他们将自己的情感完全融入自然的这种韵律之中。对于“意境”的追求是他们审美最高的理想。中国古人的这种情怀，早已变成了我们中国人希望得到的审美境界。读一读本书，在学习与欣赏中，去寻找一下这种感觉，也许你会从中获得某种感悟，得到某种启发。

# 目 录

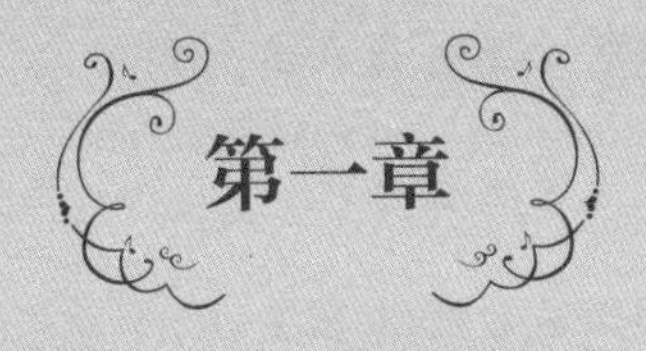

# 第一章

# 从阿房宫到避暑山庄

天苍苍兮地茫茫，

高台榭兮览园囿在水一方。

美宫室兮金碧辉煌，

一池三山兮神佑吾皇。

南北中轴兮一正两厢，

前宫后苑、阴阳交替兮，互为交响。

皇家苑囿之气派兮，

山高水长，

私家园林之秀美兮，

曲水流觞，

寺观山林之葱茏兮，

禅音悠扬。

大一统之规制兮，

千年不倒，固若金汤，

中华古建之巍峨兮，

扬我中华之荣光。

# 第一节 高、大、美的理想

中国古代建筑以其辉煌的成就独立于世界之林，博大精深而又源远流长。与西方世界的古典建筑不同，在几千年的传承发展中，其自成体系，不受外来势力的干扰，在广袤的中华大地上创造了古代建筑的经典，被世界称为东方的奇迹。

## 中国古代建筑模式的雏形

1953年在西安半坡村，发现了黄河流域一处典型的新石器时代仰韶文化母系氏族聚落遗址，距今有6000多年的历史。半坡居民居住的房屋大多是半地穴式的，发现了多座半坡类型的房子，有圆形、方形和长方形的，有的是半地穴式建筑，有的是地面建筑。房屋的墙面用木头、树枝为骨架支撑，外面用柴草和泥混合以后，涂抹在墙面上，然后用火烤干外面的湿泥，使墙壁变得坚固起来，墙壁也起到挡风雨的作用，屋顶则在树枝上盖了厚厚的茅草挡雨。房子的门前盖有雨棚，房子类似一个“堂”的形式，左右两边分别是两个房间，形成了一堂两次间的形式，同时又将隔室与室内分为前后两部分。这是最早的“一明室两暗室”“前堂后室”的房屋建筑格局。半坡遗址是中国发现最早的祖先居住地以及建筑构造。群居特征明显，房屋结构呈现出“一明室两暗室”的雏形。

2017年春夏之交，在山西临汾市发现了距今4000多年历史的陶寺遗址，它包括宫城（包含阙门）、宫殿、皇帝陵墓区、皇室贵族居住区、普通平民居住地及手工作坊等区域。从挖掘遗址的情况看，作为都城建设的基本要素都已经具备。考古中还发现了大量的陶器等文物。它是不是古代文献《禹贡》中所说的尧舜之都呢？现在仍然不能最后确定，但是该遗址属于帝王之都是确定无疑的。宫阙这种帝王专属高等级建筑的出现，让宫阙最早出现的时间一次性提前了2000多年。也就是说，它比殷、周时代还要早1000多年，那时中国整个社会还处于奴隶社会时期。

几千年前的远古建筑早已不复存在，但是人们从遗址中发现，中国古代先民是用木头和泥来构建房屋的。到了秦代发明了砖的烧制技术，汉代则将陶器的烧造技术运用到建筑上，制造了许多建筑构件，例如瓦、陶制的水管等，特别是彩陶发明后，用它来烧造出黄色、绿色的琉璃瓦，从此，木材和“秦砖汉瓦”就成为中国古代建筑的主要材料。而建立四方城以及居室“前堂后室”的格局，一间明堂加两个厢房的“一明两暗”的形式就已经初步形成。

殷、周为奴隶制国家，贵族奴隶主喜欢大规模的狩猎，这是一种娱乐兼军事训练活动，称为“田猎”。在田猎中除了射杀的猎物以外，还活捉了许多野兽和禽鸟，为了圈养这些活的动物，修建了专门圈养动物的场所，称为“囿”。把专门种植植物的场所称为“园”。用土累成高高的土台，在土台上修建房屋，称为“榭”。榭除了可以作为观察敌情的瞭望台，还可以观天象或登高远望，观赏风景。“台榭”成为观赏风景的大型建筑物。修建“美宫室”“高台榭”也就成了周天子和诸侯纷纷追逐的时尚。“囿”“园”“台榭”可以说是中国古代皇家园林的源头。

楚灵王在公元前535年修建的章华宫又称章华台,它是当时耗费了举国的财力建设的，规模最为宏大的一处建筑，被称为当时的“天下第一台”。据历史记载，章华台“台高10丈，基广15丈”，曲栏拾级而上，中途得休息三次才能到达顶点，故又称“三休台”“三歇台”；又因楚灵王特别喜欢细腰女子在宫内轻歌曼舞，不少宫女为求媚于王，少食忍饿，以求细腰，故亦称“细腰宫”。章华台成了中国古代建筑“高筑台”“美宫室”的标志性建筑。

## 秦、汉、唐确立了宫城建设的基本模式

秦始皇于221年灭六国，统一天下，建立了中央集权的封建王朝，社会由奴隶经济转向了地主制的小农经济，因此，生产力的解放，使得经济得到空前发展。皇家建筑园林一味追逐“高”“大”“美”的理想环境，“美宫室”“高台榭”也在秦代发展到一个非常高的水平。以阿房宫为中心的庞大的宫苑集群，由渭河北岸的咸阳向渭河南岸拓展，连绵三百余里。据《史记·秦始皇本纪》记载：“前殿阿房东西五百步，南北五十丈，上可以坐万人，下可以建五丈旗，周驰为阁道，自殿下直抵南山，表南山之巅以为阙，为复道，自阿房渡渭，属之咸阳。”秦始皇死后，秦二世胡亥继续修建。唐代诗人杜牧在《阿房宫赋》中写道：“覆压三百余里，隔离天日。骊山北构而西折，直走咸阳。二川溶溶，流入宫墙。五步一楼，十步一阁；廊腰缦回，檐牙高啄；各抱地势，钩心斗角。”可见阿房宫确为当时非常宏大的建筑群。

1974年在陕西挖掘出来的秦兵马俑一、二、三号坑，

三个坑中一号坑最大，总面积达14000多平方米。在地下5米深的地方，有约6000多个真人大小的陶俑，整齐地排列着，真人大小的武士全身呈古铜色，身材高大，一个个威武雄壮，真是气象森严，令人望而生畏。还有如真马大小的陶马等。陶马战车，4匹一组，拖着木质战车等。而这三个坑还只是秦始皇陵墓陪葬坑的一部分。在地下发现体量如此巨大、数量如此多、造型如此逼真的陶俑，是一件令人难以置信的事，被人称为世界上的“第八大奇迹”。那么，一直未挖掘的秦始皇陵墓到底又是什么样呢？如此规模宏大的地下建筑群落，也成为中国古代建筑的又一大奇观，那就是“大陵墓”。

西汉王朝建立之初，把都城建在长安。汉武帝时期，经济发展，国力强盛，文化艺术空前繁荣，皇家建筑园林达到空前兴盛的局面。

未央宫是西汉王朝帝国的正殿，建于公元前200年，由刘邦重臣萧何监造，在秦代原章台的基础上修建而成，它是中国古代规模最大的宫殿建筑群之一，总面积有北京紫禁城的六倍之大，亭台楼榭，山水池沼，奇花异木，珍奇鸟兽安排在苑内。它的建筑形制和布局对后世宫城建筑产生了深刻的影响。它的建设也标志了中国两千年前宫城建筑的大格局。

汉武帝刘彻于公元前104年建造了建章宫。建章宫的总体建筑群包括宫廷区和苑林区两部分，苑林建造在宫廷区的后面，呈现了“前宫后苑”的格局。汉武帝为了往来方便，在城与城之间筑有飞阁辇道，可从未央宫直至建章宫。建章宫组群建筑的外围筑有城垣。宫城中还分布众多不同组合的殿堂建筑。可见当时的建筑群落是何等的美艳，又是何等的恢宏与壮观。

建章宫北修有太液池。为了迎合汉武帝寻访神仙、企盼长生不老的迷信心理，在池中堆筑了象征神山的蓬莱、方丈、瀛洲三座岛屿。这是历史上完整模仿海上三仙山的皇家人工湖，从此园林中的“一池三山”就成了中国古代帝王追求长生不老、求仙问道的精神寄托，同时它也成为中国皇家园林典型的造园模式。

上林苑是汉武帝刘彻于公元前138年在秦代的一个旧苑址上扩建的，其边界南达终南山和渭河，地跨长安区、周至、鄠邑区、户县、蓝田五个区、县境，有340平方公里，就占地面积而言，在中国历史上是绝无仅有的。园内建有多处宫、观、苑、池沼，种植了数千种植物，并养殖了众多的动物，它是中国历史上最大的一座皇家园林。据考古挖掘，仅苑内的昆明湖，现遗址面积比北京颐和园昆明湖面积的五倍还要大。

唐代经济发达，国力强盛。唐太宗于贞观八年（634年）修建大明宫。大明宫是当时长安城内三座主要宫殿（大明宫、太极宫、兴庆宫）中最大的一座。它占地面积3.2平方公里，是当时世界上最辉煌壮丽的宫殿群。它作为唐朝政治、经济、文化的中心，是当时世界上最繁华的城市，被誉为“千宫之宫”“丝绸之路的东方圣殿”，代表了一个伟大国家的形象。整个唐朝200多年的历史，大明宫作为大唐帝国的正殿，先后有17位皇帝在此主政，大明宫成了唐代强大繁荣国力的象征。

西安位于陕西关中平原中心地区，西安之地古属雍州，这里的黄土地即所谓“黄壤”，被列为最高的“上上”等级，是中国大地中最早被称为“天府”的地方，在农耕时代属于最好的土地条件。它的地理位置优越，“背山带河，四塞以为固”“左崤函，右陇蜀，沃野千里，南有巴蜀之饶，北有胡苑之利，阻三面而固守，独以一面束制诸侯”，在古代是难得的高屋建瓴之地，形胜之国。历代皇帝都把它视为风水宝地。它经历了十三个朝代，近2000年的历史。这里成了古人建都的最佳处所，而唐人也留下了“秦中自古帝王州”的诗句。

中国古代从陶寺遗址挖掘出宫阙算起，早在4000年前，中国古人就已经开始利用木材作为建筑的主要材料，并且建造了以四方城为代表的规模宏大的建筑群落，在苑林中修建“一池三山”的园林建筑。古人崇尚的“高台榭”“大陵墓”“美宫室”的“高、大、美”的理想，在他们的创造下逐一实现。

今天远古的那些建筑已经不复存在，其宏伟壮观的建筑，富丽堂皇的色彩，生动的形象，人们只能从《诗·小雅·斯干》中的“如鸟斯革，如翚斯飞”的诗句中体会到它灵动的美感。人们只能从司马相如的《上林赋》中去感受上林苑的规模、气势。从杜牧的“长安回望绣成堆，山顶千门次第开。一骑红尘妃子笑，无人知是荔枝来”的诗句中，想象出唐代骊山华清宫的美丽景色，而从山顶到山脚，所有宫殿的大门都次第打开，这是一幅多么热烈，多么壮美的场景啊！

中国古代建筑园林的成就，不仅是当时世界上最伟大最辉煌的，而且深刻地影响了后世中国建筑园林的发展。中国古典建筑园林是一面旗帜，在世界上独领风骚，并为世界建筑艺术留下了宝贵的文化遗产。

# 第二节
# 随形就势的转变

如果说自秦、汉、唐在三秦大地上建立的都城，建筑规模恢宏，追求“高、大、美”的理想，皇家苑囿的面积庞大，显得广阔而粗犷的话，那么自东汉迁都洛阳后，情况发生了变化。

## 随形就势的洛阳东都

隋代结束了南北朝近三百年的分裂，中国重新复归统一。唐代国势强盛，版图辽阔，地主小农经济发达，中央集权更加巩固。初唐和盛唐更是中国古代文化发展的鼎盛期，在这样的背景下，建筑园林得到了全面的发展。

隋、唐都在长安建立了都城，城池的规划以“法天象地，帝王为尊，百僚拱侍”的形式出现。其规模巨大，气势恢宏，反映出大一统王朝的气魄，体现了统一天下、长治久安的宏愿。

唐王朝是在隋长安城的基础上，进行了多方的补葺与修整，使城市布局更趋合理化。长安位于汉代故城的南面，宫城和皇城构成了城市的中心区，其余则为居住区。整个城市是棋盘式格局，被分成了106个坊和东、西两个“集市”，城市面积有84平方公里，人口100万，此后近千年间，一直是世界上最大的“世界第一城”。在龙首高台原上的大明宫内可以将全城一览无余，呈现出一派繁荣的景象。

隋朝和唐朝都采取了两京制，即长安为西京，洛阳为东京。洛阳为唐代的东都，称为东京，在北魏故城以西，前面是伊阙天险，后面有邙山阻隔，伊河、洛河两条河在这里交汇，穀、瀍诸水在城中贯穿。山水形胜，错综交替。其城市规划虽然与长安大体相同，但城郭的形状复杂，不如长安规矩，因地形的限制，规模变小，但这两座都城的城市规划、布局都具有相当高的水准。

洛阳受地理条件的限制，宫殿与园林的规模远不及西汉时期，宫殿建筑除继续保持皇权至上的等级规制外，其皇家园林的规模逐步变小，但是其观赏和娱乐功能却上升到重要的位置，园林的造景效果也越来越突出，园林更为精致。同时相继出现了私家园林和寺观园林。这是中国古代建筑史上，因地制宜、随形就势进行建设的转折，它标志着中国古代建筑园林的发展逐步走向成熟。

## 私家园林的兴起

在以皇权为主导的皇城、宫殿建设的同时，另外一种园林建筑形式也开始形成，即私家园林。私家园林的兴起，是由于魏晋南北朝时期是中国古代历史上的一个大动乱、大分裂的时期。各国混战不休，群雄纷争割据，争权夺利。思想学术界则是儒、道、法等诸子百家争鸣，各种思潮十分活跃。在文化领域中，艺术创作打破了儒家思想的禁锢，寻求新的审美取向。“竹林七贤”为了逃避战争，不愿与世俗为伍，而躲进山林，饮酒作诗，陶冶情操，过着一种超脱世外的生活。它代表了士大夫阶层追求出世、超脱，崇尚山水风景，向往隐逸、幽静的审美观念，是一种为获得独立人格的表现。魏晋时期已经开始出现了私家园林兴起的迹象。

唐代实行科举制，文人做官的多了，他们中有的厌恶官场的腐败，有的为了躲避权钱的倾轧，遂开始建造属于自己的私家园林。唐代著名的文学家、诗人、山水画家王维，为唐宋八大家之一，虽然多才多艺，学养渊博，但仕途艰难，遂弃世礼佛，寻求避世的环境。于是他在陕西蓝田建造了“辋川别业”，这是他隐居过田园生活的园子。“辋川别业”也因此成为中国古代早期私家园林的代表作。城市私家园林多为宅园，也叫作“山池院”。白居易的“履道坊宅园”便是宅园的代表性案例。他修造的“庐山草堂”在庐山香炉峰之北，草堂建筑和陈设极为简朴，却渗透着恬淡、幽静的气息，成了白居易移情山水、超凡脱俗的精神寄托。这种早期私家园林的建设，为宋代以后“文人园林”的成熟与繁荣奠定了基础。

## 寺观园林的演变

与此同时，寺观园林也有了进一步的发展。大力提倡佛教是从隋朝开始的。隋朝在全国修建了几万座寺庙，数量之多，分布之广，历史罕见。唐则是开疆扩土，国力大增，成为对外开放的天朝，兴佛、礼佛成为社会生活的一部分。而宋代经济的发展达到了封建社会的顶峰，社会、经济、文化都已经十分成熟，因此在这段历史时期，其建筑的特征是“兴佛事、建园林、定规制”。

寺庙是从印度传来的，但是到了中国则随时间的变化而逐渐被汉化。佛教在传入中原后，为了在中国立足，获得更多的信众，因此与儒、道互相渗透，相互融合。佛教在长期的演变中逐渐融合到汉文化中，越来越契合人的心理，变得世俗化了。佛教寺庙的建造也按照汉民族建筑的规制，以一正两厢的格局布置。寺庙的大门为山门，从山门进入以后，是供奉弥勒佛的天王殿，然后是供奉释迦牟尼的大雄宝殿，紧接着是藏经楼。东西方向分别是钟鼓楼、珈蓝殿和祖师殿等。这已经变成了寺庙建造的固定模式，与城市建筑模式完全统一了。寺庙一般建在城市的郊外，很多寺庙外的园林也很雅致，已成为风景游览区。寺庙园林往往建在名山之上，规模很大，例如五台山、峨眉山、九华山、普陀山等，因此，寺庙园林在中国古代园林建筑中独占一席，与皇家园林、私家园林三分天下，故有“天下名山僧占多”的说法。

## 宋代园林走向成熟

宋代是中国古代园林建筑发展的成熟期。宋代也是封建社会经济发展的顶峰时期，小农经济空前繁荣，文化发展臻于登峰造极的地步。园林建筑以及造园术发展到了成熟的地步。所以中国现代历史学家陈寅恪有过权威的论述：“华夏民族之文化，历数千载之演进，造极于赵宋之世。”

宋代在中国古代建筑园林建造史上的贡献，首先是将几千年以来建设实践和技艺加以总结，形成了规范的制度。宋崇宁时期，为了改变以往建设中不规范的制度，节约用料，反对贪污浪费，由李诫在原有《木经》的基础上编成了《营造法式》并正式出版，它是北宋官方颁布的一部建筑设计、施工的规范书籍，也是中国古代最完整的建筑技术书籍，标志着中国古代建筑的成熟并发展到较高的阶段。

与此同时，在园林建造中，还刊行出版了多种《石谱》，对掇山叠石的技艺、方法、选料等方面加以总结，使人工建造假山的技术达到了很高的水平。在大兴园林建造的过程中，也出现了专门以叠石为业的技工，人称“山匠”。园林观赏树木和花卉的栽培技术，已经出现了嫁接和引种驯化的方式，使观赏树木花卉的品种大大增多，也出现了以栽培花木为业的“花园子”。当时的洛阳城内，培育了很多品种的牡丹，花卉甲天下，被人们称为“花城”。宋代在造园术上，由于有理论技艺的规范指导，在掇山理水、培育花木中形成了专门的专业队伍，在园内引水，建造溪、泉、涧、瀑布等水景的技术更为成熟。掇山叠石，注重整体形象的把握，建造丰富多彩的小品的造景技术也变得丰富多彩。宋代的园林建造进入了成熟发展期。

皇家园林“艮岳”，应属宋代园林建造的巅峰之作。“艮岳”又称“艮园”，是由宋徽宗亲自打造的。宋徽宗在一篇《艮岳记》中，对其作了详细的描述。主山名为“万岁山”。主峰之南有稍低的两座山峰相对峙，其西又以平岗“万松岭”作为呼应。其东与南侧为次山环抱。这座用灵璧石和太湖石一类的奇石，模拟杭州凤凰山的形象而堆筑成的土石假山“雄拔峭峙，巧夺天工——千态万状，殚奇尽怪”，山上“斩不开径，凭险则设蹬道，飞空则架栈阁”。在这种人造的奇峰险道中，还要飞空架栈阁，凭险架桥梁，真是无所不用其极。

山间水畔布列了许多建筑物，主峰顶上的“介亭”，可高瞻远瞩，一览全园的景点。园内种植了大量的植物，奇花异木。园内集中了山、水、亭、台、楼、阁等建筑于一苑，其宫苑之大，景致之秀美无法形容。宋徽宗不惜耗尽国力，在全国搜尽各种奇石装置在园中。他对灵璧石的痴迷，对太湖石的“漏、透、瘦、怪”的欣赏，以后也影响了中国人的审美追求。他把想象中的极乐世界全部集中在园中，塑造一个真正的人间天堂。而用举国之力，花费了几十年的工夫，耗尽了国力建造的“艮岳”，在金人入侵后被火焚烧。现在根本无法想象这座巨大的皇家园林有多么精致和美艳，人们不尽叹道：“中原自古多亡国，唯有宋代是石头。”

宋代私家园林则体现了更多的文人情怀。“沧浪亭”是苏州现存诸园中历史最为悠久的一座古代园林，它是宋代私家园林的经典，至今仍被人们赞颂。中国古代园林通过各类艺术语言，包括空间组合、比例、尺度、色彩、质感、体型，以及由此构成的韵律所造成的鲜明的艺术形象，引起人们的共鸣与联想，从而构成了一个艺术的境界。宋代已将掇山理水技艺发挥到极致，同时也巧妙地运用了借景、框景、对景手法，将不大的空间演绎成妙趣横生的天地，全园曲径回廊，假山、池水、水榭楼台相得益彰。清风明月，楹联诗画，园林中的匾额、诗文、警句格言为人们带来了无穷的思绪，处处渗透着古代文人的雅趣。宋代著名诗人苏舜钦因感于“沧浪之水清兮，可以濯吾缨；沧浪之水浊兮，可以濯吾足”，题名“沧浪亭”，自号沧浪翁，并作《沧浪亭记》。而欧阳修在《沧浪亭》长诗中“清风明月本无价”更赋予这座园子无限的浪漫情怀。“沧浪亭”自宋代苏舜钦重修此园以后，一直保留至今，成为与狮子林、拙政园、留园并称的苏州宋、元、明、清四大园林，它代表了宋代以来造园的经典艺术风格，同时也深深地蕴含了中国古代文人的审美理想和情节。宋代的私家园林不仅对后世园林的发展产生了巨大的影响，而且影响着后世中国人的审美取向。

禅宗在宋代得到很大的发展，禅宗以悟道作为涵养人格的途径，更接近中国人内省的修养操守方式，因而被人们接受。禅宗的世俗化倾向更明显。此时的寺观园林建造，趋向“文人化”。寺观园林除了还保留着对佛的虔诚与膜拜以外，它与私家园林之间已无大的差异。杭州西湖的灵隐寺与净慈寺，因它们都能因山就水，选择风景优美的基址，建筑布局结合山水林木的局部地貌而创造园林化的环境，使之成为西湖边上的一处风景名胜。有关灵隐寺，相传康熙南巡到杭州，登北高峰，远

灵隐寺

云林禅寺

望山下寺庙香烟缭绕，云雾笼罩，好似建在云雾之中，下山后康熙依此印象便为古刹题写了“云林禅寺”的匾额。

宋代不论是皇家园林、私家园林还是寺观园林发展都已十分成熟，特别是像沧浪亭、狮子林、拙政园、留园这样的私家园林，以及灵隐寺这样的寺观园林，保留至今，使人们可以看到它们原来的风采。虽然从建筑规模来讲，它们的建筑体量已经远不及秦汉时期庞大，但它是因地制宜、随形就势向更高层次发展的一个转折，是走向成熟的标志。

# 第三节
# 建筑园林发展的顶峰

中国古代建筑园林的发展，在秦、汉至唐初期的格局为“高台榭、美宫室、大陵墓”。建筑园林总体占地面积宽广，规模宏大，气势不凡，但是相对粗犷豪放。自唐在洛阳建立东都以后，建筑随形就势，因地制宜地发展，皇家园林的总体规模缩小。宋代则使建筑园林发展走向成熟，品味更高，文人情怀更浓。

## 建筑园林发展的顶峰

自元、明、清以后，中国古代建筑园林发展到了极致，特别是在清代的“康、乾”盛世，中国古代建筑园林发展达到顶峰。它的最大特点是皇家园林建筑呈现了江南园林的精致与秀美，处处充满浓郁的文化品位。

北京城是元、明、清三代共建的皇城，至今仍是世界上最大的宫殿群落之一，代表了皇家建筑的最高水平，也是中国古代建筑的典范。

元代的大都即是今天的北京城的前身。元大都的城市规划继承了唐宋以来的建设模式，采用宫城居中、中轴对称的总体布局。依据《周礼·考工记》所规定的“前朝后市，左祖右社”的古制，社稷坛建在城西，太庙建在城东。最大的御苑在宫城的西侧，主体为太液池，池中有三岛，沿袭了历来皇家园林中“一池三山”的传统。引入西北玉泉山的水注入太液池，供皇宫使用；同时引水进入积水潭，再向东注入通惠河补充大运河，形成了一条从西北向东南的水系。

明朝永乐皇帝朱棣于永乐四年，决定迁都，建造北京城，历时18年完成。明朝北京城是在元朝大都的基础上，南移后修建的，但是比起元大都更加雄伟、壮观。城市仍然采用中轴对称的布局建设。“宫城居中，四方层层拱卫，主座朝南，中轴突出，两翼均衡对称”，这是明北京城在规划上的最大特征。它的布局按照太微、紫微、天帝三垣星宿布局，紫微垣为中央之中，所以明朝皇帝将皇宫定名为“紫微宫”，这也是“紫禁城”名字的由来，而太和殿又在紫禁城的正中，以此来确立皇帝最高的中心地位。

太和殿是古代等级最高的建筑物，只供皇帝大典及重要场合使用。

太和殿

中和殿是皇帝到太和殿大典之前休息，并接受执事官员朝拜的地方。

中和殿

保和殿的等级仅次于太和殿，它是作为宴请外藩王宫贵族、科举考试的地方。太和殿、中和殿、保和殿三大殿象征天阙三垣。三大殿下设三层台阶象征太微垣下“三台”星。

保和殿

中国古代依据《易经》、五行八卦中的解释，把天分为东西南北四宫，分别以青龙（苍龙）、白虎（虎）、朱雀（凤鸟）、玄武（龟形之神）为名。现北京故宫紫禁城的大门，南为“五凤楼”即朱雀， 北为“神武门”即玄武，东为“青龙门”，西为“白虎门”。宫城东侧为太庙，西侧为祭坛。整个皇城的布局依据前宫后苑的祖制，前朝为皇帝朝政以及行政机构的要地；后苑则另设东西两后宫及后花园（御花园），为皇帝及宾妃居住区，形成前朝后庭的布局，这就是“朝廷”名称的由来。

明清紫禁城外的皇家御园，即今北海、中海、南海，是在元代的基础上改造而成的。其中西苑是元代太液池的旧址，将其向南开拓水面，形成了北海、中海、南海的格局。太液池原池中三个岛中的两个岛，因修路与陆地连接，使中海、南海与北海分离，只留下了北海的琼华岛。岛上仍然保留着元代的假山，疏朗的建筑布局，葱郁的树

北海琼华岛

木，叠石的奇巧嶙峋，使得岛上弥漫着古朴的气息。晨雾中，琼华岛若隐若现，宛若仙山琼阁，“玉境光摇琼岛近，显然仙客宴蓬莱”的诗句，形容它仿若仙境的奇景，这是人们有意模仿的神仙境界。“一池三山”的格局以琼华岛的仙境替代，从此这种大规模建造仙山池水的模式也逐渐淡化了。

清朝入关定都北京，全部沿用明代的宫殿、坛庙和苑林，仅有个别地方更名或者改建。皇城内部随着时代的变迁，内部规制的改变而有所变化，但是总体保持了明代的格局。北京城经明、清两代400多年时间的建设，代表了中国古代城市建筑群的最高成就。

清朝统治者来自关外，不习惯北京城内的炎热气候，又因为他们尚保持着祖先驰骋山野的骑射传统，对大自然情有独钟，因此在康熙时期，国家财力大增的条件下，便在北京的西郊和承德专门建立了避暑宫苑。

中国古代人认为山林之地最宜造园。“有高有凹，有曲有深，有峻有悬，有平有坦，自成天然之趣，不烦人事之功。”北京的西北郊，山清水秀，素有“神京右臂”之称。那里峰峦连绵，泉水丰沛，湖泊罗布，玉泉山和瓮山平地凸起，远山近水相互映衬，形成了如同江南一样优美的自然风光，远远望去更像一幅山水画。自康熙皇帝以后逐渐在此地修建了很多宫苑式的园林。其中畅春园是清代的第一座离宫型的园林，它兼具处理宫廷事物和娱乐休闲的双重功能。康熙每年都要到此处，因此康熙时期，畅春园是一处重要的离宫别苑。

圆明园在畅春园以北，由圆明园、长春园、绮春园（又称万春园）组成。三园紧相毗连，人们习惯上统称为圆明园。圆明园的三个园子都是以水为主的水景园，它利用丰沛的西山的水资源，开凿人工水体，挖土筑山，使河道形成完整的水系。岗、岛与水结合，山重水复，层层叠叠，每个空间经过了精心设计，人工景致与自然山水结合，虽由人作，宛若天开。在长春园内建设的六栋西洋建筑，以欧洲风格为基调，并与中国建筑相结合，形成中西合璧独具特色的景区。在乾隆皇帝中期，北京西郊形成了庞大的皇家园林区，其中圆明园、畅春园、香山的静宜园、玉泉山的静明园和万寿山的清漪园等五座园林号称“三山五园”。

清漪园被八国联军烧毁后，由清皇宫造办处雷氏家族，在清漪园旧址上改建为今日的颐和园。至此以“三山五园”为代表的皇家园林，不仅在形象上显示独特的皇家

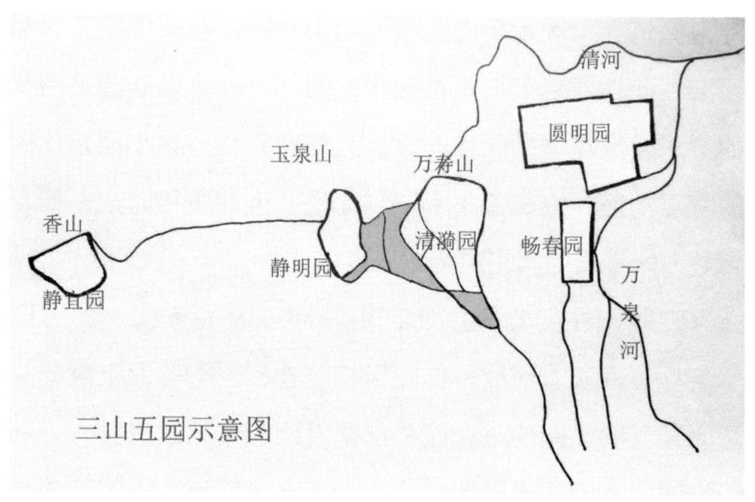


北京西山区三山五园示意图

气派，而且总体规划大气，突出了建筑形象的造景作用。它充分借助江南园林的精巧和诗画意趣，并与北方的开阔和豪放结合在一起，把它再现到皇家园林内，成为南北结合的经典之作。在许多景点中，还以“蓬莱三岛”“仙山琼阁”“梵天乐土”“银河天汉”等历史典故及神话故事，来模拟神话中的传说仙境，创造出一幅天上人间的美景。北京西山区的“三山五园”既有自然的山水，也有人工的山水，包罗了中国风景园林的全部形式，是中国古代园林造景手法的集大成者，是园林艺术荟萃的精华。其中的清漪园（颐和园）和圆明园规模最大，最具代表性，它们是中国古代园林的精华所在，也是中国造园术的顶峰之作。颐和园是留给后人的艺术瑰宝。

清朝入关以后，为保持他们马上民族的习性和战斗力，需要经常开展骑马围猎活动，因此选择了承德建立京城以外的皇家园林。承德地区具有开阔的平原地带，茂盛的林木，碧绿的草场，一片草原风光。而西北山峦起伏，沟壑纵横；东南面，有河流湖泊，水网纵横，极具江南水乡的风貌。整个承德地区山区、水网占总面积的三分之二，是中国各种地形地貌的缩影。所以在建设避暑山庄的总体布局时，分别设立了宫殿区、湖泊区、平原区、山峦区四大部分。避暑山庄是留存下来规模最大的中国古代园林，是古代皇家园林的典范。

避暑山庄作为皇帝的夏宫，皇帝每年要在这里住很长时间。皇帝要在这里处理朝政大事，同时还有举行庆典，接待西藏、蒙古等民族的王公贵族，因此在园区中设立了“行宫”。园中的“行宫”仿照北京西山区园林行宫，实行“宫”与“苑”分开的模式。行宫的布置依然按照对称均齐的格局，正殿与宫门居于中轴线上，配殿分设两旁。这里的宫殿虽然是皇帝朝政的地方，但毕竟是“行宫”，因此，它的规格比紫禁城内宫殿的规格要低。避暑山庄内正殿的“澹泊敬诚殿”是灰色的卷棚式屋顶，整个建筑采用楠木柱，保持木材的原本色，通体不施彩绘。庭院并不大，庭中灰砖铺地，周围种植了繁多的奇花异木，虽是宫禁之地，却显得朴实无华，充满了生活的情调。

避暑山庄澹泊敬诚殿

在“苑”的建设上，融合了南北建筑园林的精华。尤其是“外八庙”的建设。“外八庙”是普乐寺、安远庙、普宁寺、须弥福寺之庙、普陀宗乘之庙、殊像寺等八个庙宇的总称，是清代皇帝为安抚西藏、蒙古等少数民族修建的皇家宫殿，供他们来内地时休息和居住的地方。

避暑山庄外八庙鸟瞰图

它们以汉式宫殿建筑为基调，融合了藏、蒙、维民族建筑的艺术特点，创造了既多样又协调统一的建筑风格。建筑群既有布达拉宫的雄伟，也有五台山殊像寺的风采和新疆庙宇的身影。整体建筑雄伟，规模宏大，工艺精湛，金碧辉煌。“外八庙”建筑的壮观恢宏与“澹泊敬诚殿”的简朴与低调形成了强烈的反差。它是清代帝王对边疆少数民族“怀柔”政策的体现。

在湖区则仿照江南的名胜，比如“如意洲”上有假山、凉亭、殿堂、庙宇、水池等建筑，布局巧妙，展现了一派锦绣江南的风情。在山区建造了大量的寺庙，在平原区万树园内建造的“文津阁”则是中国四大皇家藏书楼之一，为园区增添了浓郁的文化氛围。

避暑山庄充分利用了承德地区的自然山水湖泊，整体功能分布明确，建筑物的布局疏朗，在自然美的基础上创造了建筑美与园林美。它改变了以往宫苑建设庞大的占地规模，也摆脱了过去“一池三山”的模式，根据地形地貌

如意洲烟雨楼

合理局部，充分借鉴江南园林的意趣和诗画情怀，利用掇山叠石的技术，形成了与自然风貌结合的格局，人工筑山与自然山水天衣无缝的衔接。避暑山庄宫苑功能分明，兼具南北园林风格，比如烟雨楼建在如意洲青莲岛上，是乾隆年间仿嘉庆南湖烟雨楼而建。在迷蒙的雨天登楼远眺，烟雨苍茫，水天一色，宛如江南的景色。承德避暑山庄这座将汉藏等多民族风格融汇于一体的大型皇家园林建筑，实属中国造园史上的里程碑，其辉煌的成就在世界上也是绝无仅有的，为世界建筑艺术宝库留下了珍贵的文化遗产。

明清时期皇家园林的建造，将中国古代园林艺术推向了新的高峰，呈现了极高的造园术和深厚的艺术价值。

与皇家园林对应的私家园林，特别是江南园林也得到了进一步的发展。这些园林大部分是自宋代以后逐渐流传下来的，其技艺更为精湛，文化品位更加丰富。江南造园的精华荟萃于苏州、杭州和扬州，其保存的园林数量之多，品质之精是其他地方无可比拟的。苏州的狮子林、沧浪亭、拙政园、留园四大名园，扬州的个园、何园等都是这些私家园林的精华。扬州的瘦西湖则是皇家园林与私家园林结合的一个很好的范例。以皇家宫苑和江南私家园林为代表的园林艺术成为中国古代园林的两座高峰，也是后

扬州瘦西湖长堤春晓

世造园技艺的典范。

中国古代建筑园林从阿房宫到避暑山庄，经历了几千年的历史。中国古代的木结构建筑一直在延续，前宫后苑，以中轴线为主，一正两厢的建筑布局，园林的“一池三山”模式，“三山五园”的格局也没有大的变化。掇山叠石、理水造景的技艺不仅更加成熟，而且渗透出浓厚的文化气息。皇家园林与私家园林、寺观园林成为中华民族建筑园林艺术的三座宝库。中国建筑园林有别于西方，始终保持了自己的传统，以其精湛的技艺和辉煌的成就屹立于世界民族之林。

# 第二章

# 中国古典建筑的符号

古典建筑韵味浓，

木构轻盈色彩琮。

太和重檐庑殿顶，

如跂斯翼展如凤。

保和重檐歇山顶，

如矢斯棘箭离弓。

中和四角攒尖顶，

如翚斯飞似大鹏。

抬头仰看晴川阁，

如鸟斯飞向江中。

飞檐斗拱轻飘逸，

犹如乐曲响太空。

# 第一节
# 中国建筑基本结构及美学特征

中国古典建筑是以木框架结构为主，以砖瓦为辅形成的建筑物。木材在使用中可以承受横向的力，但是木材的长度受到一定的限制，这就决定了房屋可以横向发展，而不适合向垂直的方向发展，所以中国古代的房屋为方形框架结构。

木材相对比较轻，结构单薄，不容易抵御外力的影响，特别是地震的影响，所以古人发明了卯榫结构，来完成各种木结构之间的咬合，不用钉子，而使整个房屋形成一个完整的整体，稳稳地落在基石上。砖作为柱子与柱子之间的填充物并不承重，在发生地震或大风时，房子虽然有晃动，但是它却可以做到“墙倒屋不塌”。木结构房屋，看起来比较单调，没有厚重感，所以中国古代工匠们将他们的智慧都运用在房屋结构的变化和屋顶的建造上，中国古典建筑的美学特征全部集中在方形框架结构和屋顶上。

## 中国古典建筑的结构美

中国古典建筑具有结构美的特点。框架结构使得房屋方方整整，中规中矩，对称均衡，给人以稳定均匀的美感。房屋用木柱、横梁构建了房屋的主体框架结构，这种结构可以根据不同的情况变换，构成了不同形式的建筑物，使建筑的形式呈现多样化。古人在造字的时候从房屋的结构中获得灵感，所以中国汉字的方形结构源于建筑。汉字来源于房屋，而房屋又像汉字。例如汉字中的宝盖头“宀”，读作mián，假如把上面的一点和左右的两个角用线连接起来，不就是一个房顶的造型吗？所以有“宀”的字基本都和房屋有关，例如，“家”是古人住在房屋里，又养了猪，这就是家。又比如，“宀”下两个四方的“口”，“吕”代表四方城，一个一个的四方城组成的就是“宫”。而古人认为，一家人，有了房子住，有了耕种的田地就是“富”。汉字的象形意义和房屋结构的形式美都呈现了出来。

## 中国古典建筑的形式美

中国古典建筑的屋顶变化使建筑呈现了一种形式美。

为了建造宫殿、庙宇等高等级建筑，充分体现建筑的高大雄伟，工匠们又发明了“斗拱”这种技术。“斗拱”是通过力学原理，将梁斗对屋檐的荷载传输到立柱，从而解决了大面积挑空屋顶的受力难题。斗拱向外出挑越多，建筑物出檐就越深。“斗拱”将屋檐层层抬高，成了向外延伸的陡峭的房檐，远处看去就像是展翅欲飞的大鹏。《诗经》里“做庙翼翼”就形容了飞檐灵动的美感。“飞檐斗拱”“钩心斗角”既反映了屋顶的建筑结构形式，又形容宫殿屋顶的美观。

中国古典建筑的形式美，主要表现在屋顶的构建上。它们主要有“庑殿顶”“歇山顶”“攒尖顶”“卷棚顶”“硬山顶”“悬山顶”六种形式。庑殿顶的屋面宽广而舒展，犹如大鹏展翅；歇山顶曲折多变，厚重而稳定；攒尖顶像伞盖一样，集中攒起的尖顶高高地刺向蓝天；卷棚顶舒展而富于变化；硬山、悬山顶则显得简洁、干练。这些屋顶结构又相互组合，不断变化，形成了单层与多层顶之分，四面坡、六面坡以及圆形坡之分；歇山与卷棚，歇山与攒尖顶的结合等多种形式。屋顶的千变万化，凸显了古典建筑的形式美。

## 中国古典建筑的色彩美

色彩美是中国古代建筑另一个重要的特色。中国建筑是木结构体系，因为木料容易腐烂，不经久耐用，为了保护木材，所以古代工匠们用膏灰和麻刀等混合，涂抹在木料上，然后在外面涂桐油和漆，使木材外面形成一层保护层，再在上面涂上丹红来装饰柱子，在梁架、斗拱梁、枋等处施以彩绘装饰。屋檐下的梁、枋部分多采用绿色和蓝色，勾勒金线等，并用吉祥如意的图案，运用回纹、云纹、缠枝莲、缠枝牡丹等纹饰装饰，使建筑上的彩画图案丰富多彩、生动活泼。屋顶铺设的瓦，则根据皇权等级的规制，用黄色、绿

北方亭子色彩艳丽华贵

色的琉璃瓦或灰色瓦来区别。一般宫殿、衙署的建筑都十分富丽华贵。

色彩的运用并不是千篇一律的，而是根据北方、南方不同的地理环境而有所调整。

在北方，因为冬季植物枯黄，整个大地的颜色单一，于是工匠们大胆地使用了大红、大绿、黄色等暖色调，使宫殿、衙署建筑显得极为鲜艳华丽，在寒冷的北方更显得金碧辉煌，宏伟气派。

但是在南方，气候温和，树木繁茂，花草五颜六色，又有青山绿水的映衬，因此建筑则采用冷调色系。南方建筑多采用灰色的青砖黛瓦，白色的墙面，灰瓦和栗、黑、墨绿等色的梁柱，与自然融为一体，形成

南方亭子色彩素雅质朴

秀丽淡雅的格调。这种淡雅的格调在炎热的南方，不使人烦躁，反而给人一种清凉的感觉。如果说，北方体量巨大的宫殿群落体现的是皇权的威严的话，那么南方的民居则体现的是山水画一般的恬静。古代工匠们根据不同的地理环境，使建筑的色彩与环境和谐一致，创造出使人舒适的视觉效果，建筑色彩的协调已经成为古代工匠自觉的行为准则。

## 灵动的线条美

中国园林具有更丰富更突出的线的造型美。中国建筑的木结构具有很强的可塑性，工匠们根据不同的环境在园内建造出丰富多彩的建筑小品，例如亭、堂、轩、斋等。苏州狮子林内的建筑轮廓线的起伏，坡面的柔和舒卷，裸露梁柱的直线与曲线之间的无穷变化，就像画家挥毫的笔墨。山石有如画笔下皴、擦的痕迹，水池曲岸的蜿蜒，假山婀娜的身姿，花木虬枝的摇摆，恰如跃动的舞姿，在舞台上演绎着美轮美奂的话剧。狮子林因叠石堆山，形状如同狮子，故取名“狮子林”。乾隆皇帝非常喜欢这里的景致，命人摹画这里的胜景，后在圆明园、避暑山庄等处掇山叠石加以仿造。乾隆为此处题词“真趣”的匾额至今仍然悬挂在此。

中国古代人因地制宜，就地取材，选择木材和砖瓦作为建筑的主要材料，创造了木结构的宏伟建筑，建造出各种不同形式的宫殿、庙宇，也建造了各式适合人居住的民宅。唐代的大明宫是当时世界上最大的宫殿群落，它在世

苏州狮子林

界上创造了木结构建筑的辉煌。建筑整体形象的结构美，房屋展现的形式美，以及宫阙楼台的色彩美，都使中国古代建筑在世界建筑史上独树一帜，并留下了灿烂的一页。中国古代建筑的这种特征，是祖先赐予我们的文化遗产，它既包含了中国古人的聪明智慧，同时也蕴含着无限的审美情趣及与自然和谐共生的环境意识。

## 第二节
## 权力的象征

从远古以来，最豪华的建筑都是为帝王建造的。帝王具有至高无上的权威，建筑从来都是这种权力与等级制度的反映。清代总结了历朝历代的各种规制，并加以制度化，在《工部工程做法则例》中做出了明确的规定，形成了法律，任何人都不可逾越。这种规制的内容很多，比如屋顶的形式、房屋的高度、门开间的数量和大小、大门上门钉的数量等都有规定。屋顶是反映皇权等级最突出的特征，也是中国古代建筑形式美的突出表现。在等级森严的封建社会里，古代工匠们在有限的施展空间里，同样发挥了他们的聪明才智，将建筑塑造成一件件艺术精品。

例如中国古代建筑的屋顶就像艺术品一样。中国古代木结构屋顶，既不是圆形的，也不是尖顶形或平顶的，它是斜坡的，像人字的形状，所以古人形容它犹如一只锦鸡华丽的外衣，它的形象具有鲜明的象征性。古人在《诗经》的《小雅·斯干》中形容它是“如跂斯翼，如矢斯棘，如鸟斯革，如翚斯飞”。意思是房屋端正得像挺直站立的一个人，宽广的屋顶像飞鸟展开的翅膀，金碧辉煌，色彩艳丽像锦鸡的羽毛一样漂亮，远观时，就像一只振翅欲飞的大鹏。金黄色的琉璃瓦在阳光下闪耀着灿烂的光芒，具有鲜明的形式美，同时也具有鲜明的等级象征。

屋顶主要有六种形式，下面分别做介绍。

## 一、庑殿式屋顶

乾清宫

庑殿式屋顶是皇宫里等级最高的建筑结构，只有皇帝才能享用。庑殿式屋顶有一条正脊和四条斜脊，屋顶形成的四个面都做成了曲面的形式，形成了“五脊四出水”的样子，俗称“四阿顶”。由于屋顶面积巨大，而且又是曲面的，因此看起来特别漂亮。庑殿顶又有单层和重檐之分。所谓重檐，就是两层顶，它是在单层屋顶之下，四角各加一条短檐，形成第二檐。北京故宫里的太和殿，那是皇帝登基时用的大殿，代表了皇帝的九五之尊，所以采用了重檐庑殿顶的形式，这是古代建筑中等级最高、最隆重的屋顶结构形式，即使在紫禁城内也只有太和殿、乾清宫等少数几处使用。历朝历代都称孔子为“万世师表”，所以孔庙建筑也采用了这种重檐庑殿顶的形式。

### 二、歇山式屋顶

歇山式屋顶，是仅次于庑殿式屋顶的一种结构形式，也是运用得最多的形式。它除了在皇宫内使用，在京城内以及京城以外的州府县衙的城门也多采用这种形式。在京城外是皇权的代表，体现了朝廷的威严。歇山顶同样有单层和重檐之分，重檐歇山顶等级低于重檐庑殿顶，单檐歇山顶低于单檐庑殿顶。

歇山顶

所谓歇山是指屋顶的垂脊在中间做了一个转折，“歇”了一下，所以垂脊分为了两折。歇山式屋顶从侧面看，上部的顶呈三角形。它有九个脊，称为“九脊殿”或“九脊顶”。重檐歇山顶也是在单层顶的基础上又加了一层屋檐，它的等级要高于单层歇山顶。例如紫禁城内的保和殿、天安门以及州府县衙的城门都为重檐歇山顶，它看上去显得雄伟辉煌。

歇山顶也有多种变形，当两个歇山顶用十字脊的方式相交做成房顶时，就构成了四面歇山顶的形式，故宫的角楼就是最典型的代表，它给人一种精巧别致的感觉。还有一种用卷棚的形式建造的歇山式卷棚顶，它的屋顶没有正脊，而是卷棚形式，从侧面看又呈现出三角形的形状。皇帝行宫里的宫殿多采用这种形式，它看上去比较柔和，又富于变化，有一种亲切感。歇山顶由于有多种形式的变化，因此得到比较广泛的运用，比如歇山式卷棚顶多用在王公贵族的宅邸，四面歇山顶运用在亭子上等。苏州园林中保留的种类繁多的歇山顶亭，十分优美。它具有很高的文化与艺术价值，充分体现了江南园林建筑的文化特征。

### 三、攒尖顶

攒尖顶建筑物的屋面在顶部交会为一点，形成尖顶，这种建筑叫攒尖建筑，其屋顶叫攒尖顶。攒尖式屋顶，宋代时称“撮尖”“斗尖”，清朝时称“攒尖”，是中国古代传统建筑的一种屋顶样式。其特点是屋顶为锥形，没有正脊，顶部集中于一点，即宝顶。北京故宫的中和殿、交泰殿都是这种结构。而天坛祈年殿、皇穹宇则是典型的圆形攒尖顶寺庙建筑。

攒尖顶古建筑

如果说，歇山顶的变化是改变屋顶垂脊的形式，那么攒尖顶结构的变化，多采用改变屋顶“角”的数量。屋角的数量和柱子对应，四角攒尖顶的建筑有四根立柱，六角、八角攒尖顶的建筑则立柱相应增加。攒尖顶的宝顶像大鹏鸟高昂的头颅，那高高翘起的屋脊像鸟的翅膀，具有鲜明的形式美的特征。

攒尖顶也有重檐的结构形式。这种结构的屋顶常用于亭、榭、阁和塔等建筑。

攒尖顶的垂脊和斜面多向内凹或成平面，若上半部外凸，下半部内凹，就变成了一个头盔的形式，称为盔顶。

这种形式比较少，岳阳楼是其中一例。

盝顶岳阳楼

**四、卷棚顶**

卷棚顶建筑是宫殿建筑中等级仅次于三大殿的一种建筑形式，一般在行宫，宫殿内的办事机构、太监等居住的房屋建造这种屋顶。这种结构形式在建筑园林中居多。它最明显的标志是没有外露的主脊，两坡出水，与瓦陇连成一个整体，一般为灰顶，形式舒展活泼。像一张卷席盖在屋顶上，故称“卷棚”。卷棚顶显得更舒展活泼一些。

卷棚顶建筑

## 五、悬山顶

悬山顶是民间建筑的一种形式，它有一条正脊、四条垂脊，各条桁或檩直接伸到了山墙的外面，使得山墙外也有屋檐的遮挡，好像伸到山墙外的屋檐总是悬在空中一样，故称为悬山顶。悬山顶形成了四面都有屋檐的形式，它有利于防雨，因此南方民居多用悬山顶。悬山顶的等级低于庑殿顶和歇山顶，仅高于硬山顶。

悬山顶建筑

## 六、硬山顶

硬山顶的一条正脊和四条垂脊，使屋顶形成了两个坡面，所以也称作五脊二面坡的屋顶。硬山顶与悬山顶的区别是屋顶的坡面不伸出。

这种结构的房屋，有利于防火。因为北方比较干燥，防火极为重要，所以北方多采用这种形式的屋顶。根据规定，五品以下的官吏及平民住宅的正堂只能用悬山顶或硬山顶。

硬山顶建筑

# 第三节
# 等级的体现

封建社会等级制度在建筑上除了通过屋顶的造型来表示外，还可以通过大门来体现。大门犹如一个人的脸面，如同中国戏曲中人物的脸谱，通过脸谱人们可以一目了然地了解这个人的特征。作为古建筑的脸谱就是“门脸”，通过门脸的规制、形态、特征就可以清楚地看出主人的身份、等级、地位、官阶的大小。中国古建筑的“脸谱”反映的是皇权的等级，它用法律的形式固定下来，任何僭越规制的行为都会受到惩罚，重则有杀身之祸。所以了解古代建筑的知识，同时也就了解了封建等级观念、制度，以及它如何用建筑的形式加以固化，来维系这种制度的延续。因此，住宅的大门既是宅院的脸面，也是等级身份对外的明示。

大门处是房屋与外界沟通的通道，北京四合院的大门一般都修在院落的东南角，这是因为中国古代建筑严格依据地形地貌的特征来布局房屋的位置。中国地势是西北高，东南低，水流是从西北流向东南，寒风也是从西北方向东南吹，所以从堪舆术的角度考虑，大门设置在东南方向。在周易的八卦中，东南方向是巽位，即风位，是和风、祥风吹进的位置，以引进东南风，“紫气东来”体现了《易经》中“坎宅巽门”的原则。整个院落都是坐北朝南，水从西北入，从东南流出，院落的这种布局恰符合中国的地貌特征，人居顺应自然，与自然和谐一致。但是王府的大门，则开在正南面。这是因为王府位高权重，霸气，可以镇得住邪气。

在清代的建筑规制中，大门有如下几种形式：王府大门、广亮门、金柱门、蛮子门、如意门、随墙门和作为四合院二门的垂花门，它们都代表了不同的等级、不同的身份。

## 王府大门

王府大门是宅院中规格最高的一等。王府的大门宽敞明亮，在正南开门。其中亲王府的大门为五开间，中间三门可开启，称为五间三启。屋顶可用绿色琉璃瓦，在屋脊上可安装吻兽，大门上有门钉，亲王府大门有63颗门钉。郡王府的大门为三开间，中间一门可开启。门钉也变成九行五列共45颗。除了皇宫以外，王府是最高等级的宅邸，十分气派。

王府大门

## 广亮大门

广亮大门是仅次于王府大门的一种宅门。

除王府以外，其他宅邸大门的宽度都比相邻的倒座房屋要高要宽。广亮大门的级别仅次于王府大门，它是五品以上官员宅邸使用的大门。

广亮大门

广亮大门通常有一开间的宽度，它的大门设于房屋正梁之下的位置，整个大门及门框全部用木头制作，前后门洞各占有半间房的深度，进门的台基高于邻屋的地面。整个大门都是涂了红色油漆的“朱门”，门楣有四个四方或六方的凸出短木柱称为“户对”，并饰以彩绘。门口有石雕的门墩把门。“门当户对”指的就是石雕的“门当”和门楣上的“户对”的个数。鼓形的门墩代表是武官的家邸，方形的门墩代表文官的宅邸。整个大门显得富丽堂皇，色彩夺目。因为官员的等级很高，大门既高大又敞亮，故称为广亮门，它是官员身份的象征。

## 金柱大门

金柱大门等级略低于广亮大门，是五品以下官吏的宅邸。金柱大门因为大门立在垂脊正中的位置，这个位置称为“金位”，所以此门称为金柱门。大门更靠外，门洞的进深比广亮门减小了一倍，空间变小了。大门涂朱红油漆，门楣施以彩绘，其他与广亮门无大区别。

金柱大门

## 蛮子门

蛮子门等级比金柱大门低，一般是商人居住的。清末，广州建立了进行对外贸易的十三行，广州商人为了在京城办事的需要，于是在北京建立宅院。蛮子门与金柱门相比，大门向外到达屋檐的前端临街，没有门洞了。为了既不逾越规制，又显示他们的富足，大门和门框外面都是用木头做的，并涂上了红漆。京城人把南方人称为“南蛮子”，故把他们这种宅子的大门称

蛮子门

为“蛮子门”。

## 如意门

如意门的位置和蛮子门完全相同，它是北京四合院中最为常见的大门形式。如意门的正面除门扇外，其余均用砖墙砌成，门上方的两个角做成了圆弧的“如意”形式，故称此种大门为“如意门”。它是民宅中最常见的形式。

如意门

## 随墙门

随墙门也叫墙垣门，其特点是无门洞，顺墙开，只占半间或大半间房的宽度，院门较窄。它是直接在墙上开口，用砖砌成一个入口的门框，安上门扇，它是最简单、最常见的大门。这种大门有的是在上面砌一个女儿墙作为装饰。有的则砌上一个小屋檐做成一个小门楼的形式。小门楼是随墙门中最常见的一种，在风格上追求屋宇的效果。随墙门是古代无官的有钱人用的，讲究低调不漏财。

随墙门

## 垂花门

垂花门是北京四合院中的二门，是一种带有垂柱装饰的门。一般的大门，如有檐柱，则柱体都是上撑门檐、下达门前的台基或地面，具有承重的实际作用。而垂花门的门前檐柱没有承重的功能，柱子并不落地，而是悬挂在门檐下两侧，形成垂势。只有短短的一节，在这下垂的柱头部分，做成花瓣状或吊瓜的形状，因此被称为“垂花”。垂花门不但悬垂的门柱漂亮、精美，而且柱子之间的额枋，也多采用镂空雕花装饰，或绘制精致的彩画，五彩瑰丽。古代形容女子“大门不出二门不迈”的“二门”指的就是垂花门。

垂花门

# 第四节
# 家庭的祥和

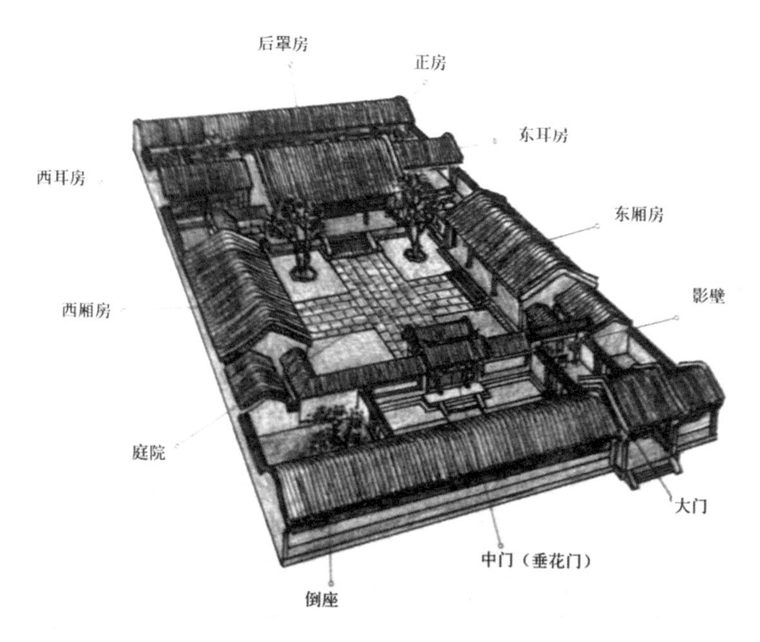


四合院布局示意图

民居是中国古代建筑中重要的组成部分。四合院是北方民居的典型代表。北京的四合院是一个家庭居住的基本单元。多个这种基本单元的组合，就成了具有几进的四合院。北京四合院不仅是一座简单的住宅建筑，它的建筑布局十分讲究，且深含伦理道德和审美情趣。

四合院是一个对外封闭对内开放的布局，有家就有庭，对外部封闭而内部宽敞的庭院呈现出天圆地方的理念，“家庭”这个名称也由此而来。一般四合院主要分为前院、中院和后院三个部分。前院内坐南朝北的房屋称为“倒座”，是佣人居住的地方。中院是主人家居住的地方，分为明堂和东西厢房、东西耳房。在西耳房和明堂之间有一个小耳院。在东耳房与明堂之间有一个通往后院的过道，东西两侧的院门一般做成月亮门以及扇形、瓶形门洞作装饰。后院在西朝东向的一排房子，称为后罩房，是女眷居住的地方。四合院的这种布局既体现了尊卑有序，又有分有合，互不干扰。

院子内部则按照中轴线的布局，以一正两厢的形式出现。正面的正堂也称明堂，是院主人住的地方。其中正中间的厅堂是接待客人的地方。东面的房子每天迎接日出，所以它固定下来作为卧室，西边的房子则为书房。房子的高度也很有讲究。一般夏天太阳升得很高，光线被屋檐遮挡只能照射到门口，而冬天太阳升得很低，阳光恰恰可以照进屋内。这种构造巧妙地利用阳光四季的变化，使屋内达到冬暖夏凉的目的。古人利用自然的光线，使居室与自然环境有机地结合起来。

前院的南面一排整齐的房子称为“倒座”。倒座的对面是一座二门（垂花门）。它是内宅与外宅(前院)的分界线和唯一通道。垂柱上刻有花瓣莲叶等华丽的木雕，以仰面莲花和花簇头为多。因垂花门的位置在整座宅院的中轴线上，将内外分成两个部分，所以垂花门是全宅中最为醒目的地方。门楣上用红、蓝、绿、黄、黑色彩绘的图案十分靓丽华贵。推开二门，左右两边是抄手游廊，直通到东西厢房。

四合院的后院为后花园。北京人喜欢种花，人们在四合院内按照吉祥如意、消灾辟邪的理念种植了四季的树木花草。在院中种植得最多的是石榴、丁香、海棠、枣树、榆树等。人们还喜欢种植各种花卉，如牡丹、月季、菊花等，使园内时时呈现出一派祥和的气氛。但人们一般不种桑、松、柏、梨、槐这五种树，因为他们不喜欢它的谐音。

总之四合院的布局和北京城的整个布局也大致相同，即四面封闭，以中轴线为中心，一正两厢的明堂，前室后苑的布置，代表阴阳的相互结合，互为补充。中国古代的四合院建筑，也将居室与苑囿隔离，将工作与生活休闲分开，处处都体现着阴阳交替，互为补充的朴素辩证思想。

中国北方的民居与四合院也大致相同。例如山西的大院，也是对外封闭的方形结构，内部以中轴线为中心，向两边排开，组成很多的小院落，内部呈蜈蚣形状。这种住宅体现了家族群居的特点。

中国南方因河流湖泊众多，民居多傍水而建，按照水流的方向临水建房，因此，它不可能按照北方的建设格局建设。同时南方建筑的民宅也没有京城那么多限制，因此古代人根据地理环境，因地制宜地创造出许多优秀的建筑。根据清朝规制的要求，民宅只能建硬山顶的房子，但是在南方，人们却创造出马头墙的形式，粉墙黛瓦，使它成为徽派民居的一大特色，形成自身的特点。

中国同时还是一个多山的国家，依山而建的民居又形成了另外的特色。福建客家土楼、羌族碉楼这种具有居住与防御功能的民居建筑，千年来雄踞不倒，也成为中华建筑史上的奇迹，被世界所称奇。

中国民居建筑总体以群居为主，这是中国宗族思想的延续。又因为中国处于北半球，总体的地形是西北高，东南低，所以房屋基本是坐北朝南，以适应自然环境。经过几千年的发展，中国的这种框架式木结构的建筑始终延续保持着，它深含着中华民族朴素的哲学思想、人伦理念及审美追求。它是中华民族创造力的表现和智慧的结晶，处处呈现出祥和宁静的“家庭”的温馨。

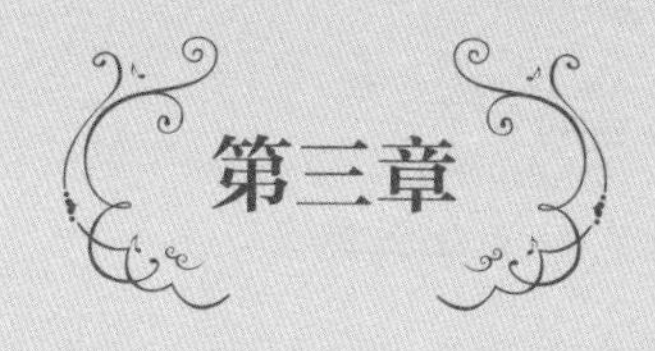

# 第三章

# 别具一格的园林景致

楼阁亭榭，

别样的景致，

如绚丽的花朵，

在绿色的大地上绽放。

亭似飞鸟，

在蓝天下振翅高翔。

榭宛若仙子，

亭亭玉立在水一旁。

登画栋楼台，举觞放歌，

抒万丈豪情，云海苍茫。

楼宇高耸，金碧辉煌，

文人意趣，魂之所殇。

对景、隔景，虚景相生，

移情别恋，感景玩赏。

掇山理水，造园之方，

人文雅趣，景在画上，

无文不景，无诗不畅。

园林的深意，

在文采的飞扬。

## 第一节
## 独特的建筑式样

中国古代园林中创造了许多别具一格的建筑形式，这种建筑形式与不同的地点、不同的环境相配合，形成了一个独特的风景，使园林呈现出生动活泼的景象。这种在园林中的建筑，因为受皇权等级的限制较小，有比较大的自由发挥空间，因此形式别具一格，特色鲜明。人们常说的“亭、台、楼、阁”就是泛指这样的建筑。

### 亭

亭子是中国古典园林建筑中的一个经典作品，也是世界上独有的景致，它具有鲜明的美学特征。中国古典园林建筑的精华全部集中在屋顶。屋顶犹如锦鸡华丽的外衣，高度的抽象却具有鲜明的象征意义。中国古代的工匠们喜欢把动物的形象运用在艺术上，犹如在舞蹈、书法、绘画上都有的一种灵动飞舞的感觉。古人把张开的屋顶形容为飞鸟的翅膀，山上的亭子就像站在山巅的一只振翅欲飞的

水亭

锦鸡或者雄鹰。亭子的造型抽象出一种建筑的形式美，这是建筑带给我们的美感。一般凡建造在山顶或者水边的亭子，除了几根柱子和顶外，四周没有墙壁，柱子之间是空旷的。这是因为山上、水中的亭子是作为观赏用的。它将人们的视线与景物分隔，通过“隔景”创造了一种新的景象。古人张宣云：“石滑岩前雨，泉香树杪风。江山无限景，都聚一亭中。”

中国古典园林与建筑历来都不仅注重形式美，而且注重其实用的价值。亭子是人们在长期的实践中，根据生活的实际需要，建造的有顶无墙的小建筑物，可以供行人驻足休憩，即停下来歇脚，于是就把这种小建筑物称为亭子。建造亭子由于没有清规戒律的限制，人们根据需要可以任意建造各种各样的形式，因此它的形式最多，也最具特色，成为中国古代建筑园林中不可缺少的建筑小品。

亭子根据建造位置的不同分为路亭、凉亭、山中的观景亭、驿站的驿亭等，后来逐渐发展，更多被运用到园林中，成为中国古代园林中重要的建筑景观。特别是园林中的亭子，它已经不仅是为休息，而变为园林的景观，一处独特的深含中国文化底蕴的艺术品，亭子本身也变成了一种文化。

亭子的式样丰富多彩，体现了古代人的审美情趣。亭子按照形式一般分为园亭、方亭。方亭又根据亭角的多少分为四角亭、六角亭、八角亭等。

亭子的屋顶充分展示了形式美的特点。它的屋顶分为攒尖顶、歇山顶、卷棚顶等，还有单层、重檐之分。总之，亭屋顶的造型与周围的环境、景观相互配合，起到在景观中“画龙点睛”的作用。

亭子的式样南北有别，显示了不同的地域特色。宫廷园林的亭子，色彩艳丽，金碧辉煌，红色的柱子，琉璃瓦，在檐下以蓝绿色为基调的彩绘，与洁白的汉白玉栏杆配合，显得富丽堂皇。北方亭子总体建筑体量大，造型持重、屋脊曲线平缓、屋角起翘不高，柱粗，色彩艳丽、浓烈、对比力强、装饰华丽、用琉璃瓦、常施彩画。它体现了雄浑、粗壮、端庄的北方特征。北方雨水较少，因此屋面坡度较小。北方冬季植被枯黄，大地色彩单一，亭子鲜艳华丽的色彩，为广袤的大地添彩，更显出亭子的造型美和色彩美。

南方亭子总体建筑体量比较小，屋角起翘很高，显得纤细、俊秀、轻巧、活泼。柱子比较细，色彩素雅、古朴，装饰精巧，常用青瓦，不施彩画，与周边的粉墙黛瓦和青山绿水协调一致，具有南方秀美的特征。南方地域狭小，因此亭子比较纤细灵巧。南方雨水多，则屋脊上翘大，坡陡便于雨水下流。南方植被很多，夏天炎热，所以亭子一般都采用冷色调，素面，不施彩绘，在热天显得比较清凉。南方亭子屋顶的式样复杂多变，它本身就构成了富有变化、形式多样的景致。亭子与周边粉墙黛瓦的房屋、青绿的山水配合，就形成了一幅天然的水墨画。亭子是园林中的重要建筑，因地、因自然环境、因气候等诸多因素而建造，与环境共生共存，和谐相融。

亭子散发了深厚的文化气质。但凡有亭子，必有匾额、楹联。人们或登高望远，或近水临风，吟诵着佳句名联，使人思绪万千，引发出无数的感怀，为游览胜景增添无数的情趣。亭子是中国古代园林景观中最具文人情调的去处，许多文人在感怀亭中的美景之后，为亭命名，或书写楹联。佳景，名亭，大诗人、文人题写的名联，把一个小小的亭子变成了意趣盎然的场所，使人陶醉，使人忘怀。凡是有名的亭子都是文人赋予其浓郁的情调和深刻的内涵，亭子或因人而闻名，或因诗句而闻名。北京的陶然亭，是以唐代诗人白居易的诗句“更待菊黄家酿熟，与君

高山亭

一醉一陶然”句中的“陶然”二字为亭命名的。岳麓山上的“爱晚亭”因杜牧的“停车坐爱枫林晚”的诗句得名。青少年时代的毛泽东经常在那里读书讨论，抒发豪情壮志，它更使人向往。在亭中歇息的人们都会情不自禁地读一读楹联上的诗句，以养情，以乐智，以回味，可见园中建筑，不但要有形式美，更要有文化内涵，这是中国人游览景致时的一大乐趣。

临水的亭子，一般都设立在空旷的地方，即使一面临水，另外一面也必须有足够的空间。亭多设在视线交接处，在园林中有“点睛”的作用，如苏州网师园的“月到风来亭”，就构成了一个小环境的中心，成为景中的一个“眼”。拙政园水池中的“荷风四面亭”，亭子单檐六角，四面通透，亭中有抱柱联：“四壁荷花三面柳，半潭秋水一房山。”春柳轻，夏荷艳，秋水明，冬山静，“荷风四面亭”不仅最宜夏暑，而且四季皆宜。四周水面空阔，在此形成视觉焦点，加上两面有曲桥与之相接，显得十分自然显要。

山中的亭子，一般设在高山之巅。人们都有这样的体会，当你来到一座山边的时候，抬头一望，往往可以看见在山顶上坐落着一个亭子。在郁郁葱葱的一片山林之

荷风四面亭

上，那色彩华丽的亭子格外显眼。你凝神观望，感觉此情此景是那样的舒服、自然。当你聚精会神紧紧地盯住它，在你的脑海里就会幻化出一只振翅欲飞的雄鹰，它那高昂的头，凝视着远方。那弯弯上翘的屋脊就像准备起飞的翅膀。它的腿紧紧地抓在山崖的边上，昂头挺胸，瞭望着远方。人们迫不及待地登上山顶，那里竟然有“群山苍郁，群木荟蔚，空亭翼然，吐纳云气”的景象。山上的一座空亭，成为山川灵气的交汇点，也成了人们精神聚集的处所。

不论南方的亭子还是北方的亭子，也不论它建造的顶是繁缛还是简洁，再不论它的色彩是鲜艳还是素雅，也不管它是四角亭，还是六角亭，它们都有一个共同的特点，那就是亭子的柱子之间没有用墙来封闭，柱子之间是空旷的。如果有了墙壁，亭子就变成了房子，它的视野就受到局限，也就引发不了人们的思绪和联想。从审美的角度看，它就像是画中的留白，是诗中的眼。“空”才能引发人们的联想，“虚”才可以抒以豪情，空灵与意境正是中国古人追求的那种理想世界。从建造亭子这样一个小小的侧面，可以看出古人用它创造出来的审美意境是多么的超前。中国古代画家都喜欢在山峦之上画一座空亭，犹如一只眼睛，一览空旷的四周。苏轼描写山中的空亭：“惟有此亭无一物，坐观万景得天全。”这是一种以虚怀拥天下，饱览河山尽美颜的畅怀。它反映了中国人在亭中观景，热爱自然，拥抱山山水水的情怀，一种深远的宇宙意识。一处看似十分简单的亭子却酝酿着巨大的文化内涵，它的形式美带给我们无限的想象，它与周边环境的和谐让人们感到意味无穷，它的人文气息又让人们获得深刻的启迪，给人们在游玩中带来了无尽的乐趣。有人在观亭以后写下了这样的诗句，来表达这种审美体验。

观 亭

空亭一座，四面昭昭。或山之巅，或水之遥。

四角攒尖，六角重檐。鸢飞鱼跃，其形上翘。

振之欲飞，其路遥遥。吾亭独特，中华荣耀。

依栏临风，景之我骄。远望其亭，分野皆遥。

处望览赏，观亭之要。陶然怡情，吾心飞跃。

## 楼

楼是园林景观中的多层建筑，是两层以上的房屋，《说文》解释：“楼，重屋也。”楼之所以在人们心中占有重要的位置，也是与它本身的文化内涵密不可分的。著名的黄鹤楼因崔颢的“昔人已乘黄鹤去，此地空余黄鹤楼。黄鹤一去不复返，白云千载空悠悠。”和李白的“故人西辞黄鹤楼，烟花三月下扬州。孤帆远影碧空尽，唯见长江天际流。”而使它成为江南三大名楼之首。王之涣《登鹳雀楼》的诗句“白日依山尽，黄河入海流。欲穷千里目，更上一层楼。”使位于黄河之滨的鹳雀楼名声大振。范仲淹发出“先天下之忧而忧，后天下之乐而乐”的警言，使人们永远记住了岳阳楼这个名字。楼已经不单纯是一座建筑物，它是地域文化的名片，是中国人心中的一

黄鹤楼

个符号，它远远超出了建筑本身的价值，成为文化的代名词。

## 阁

阁是一种底层高悬、下部架空的多层建筑，在中国古代传统建筑物中，将架空的小楼称为阁。楼阁一般在一起统称，但是阁的底层是架空的。阁与楼作为观景的建筑物，通常每层四周都设隔扇或栏杆回廊，供远眺观景之用。在寺观建筑中，名为阁的建筑比较多。阁与楼一样，同样包含了深厚的文化内涵。滕王阁之所以著名，与王勃的《滕王阁序》分不开。他的“落霞与孤鹜齐飞，秋水共长天一色”的诗句，使人的眼前展现出一幅秋天、落日、湖水、孤鹜的美好画卷，人在其中心胸显得十分开阔。每一处知名的“阁”都有着一段神奇的故事，也都有名诗、名篇为之称颂。阁在中国古代建筑中还有一个十分奇特的作用，就是做“藏书”之用。承德避暑山庄的“文津阁”是中国四大皇家藏书楼之一，还有文渊阁、文溯阁、文汇

滕王阁

阁、文宗阁、文澜阁均为皇家藏书楼。宁波的“天一阁”为著名的私家藏书阁。只有中国才在园林中建造“藏书阁”，这是世界上独有的文化现象。

## 榭

在秦汉时期，文献中多有“高台榭、美宫室”“层台累榭”的记载。古时为防御来犯之敌，在高台之上建造的瞭望台称为榭，它同时兼具观赏风景的作用。汉以后，随

北京颐和园中的“洗秋”和“饮绿”水榭

着高台建筑的逐步消失，建于高台上的榭就移到了花间水际，成为园林中供人休息的游览观赏建筑。

水榭是中国古代建于水边的休闲观景建筑。它从岸边突出，一部分伸向水中，人在其间，仿若在水中，可以方便地观看四周的湖光山色，因此视野极为开阔。水榭的形式多种多样，其屋顶也各具特色。为了观景的需要，水榭四周设有围栏，四周的木门窗可以方便开闭，实用灵活。南方因水得天独厚，所以榭与亭在园林中都占有极为重要的地位，并且设计得十分精巧，姿态繁多，为本来逼仄的狭小空间增添了无限的情趣。南京钟山流徽榭、苏州拙政园芙蓉榭都是著名的景点。北方承德避暑山庄的水心榭、北京颐和园谐趣园中的洗秋和饮绿也是水榭中的精品。

水榭同样具有丰富的文化内涵。中秋时分在水榭中饮酒赏月是文人最惬意的玩乐，而一座小小的水榭又引来了多少文人雅士的诗情画意。北京颐和园内谐趣园中名为“洗秋”和“饮绿”的两座水榭，相互陪衬，以短廊连接，成为一个整体，小巧玲珑，与水景配合相得益彰。“饮绿”取自苏东坡的诗句：“吴侬生长湖山曲，呼吸湖光饮山渌。”乾隆为“饮绿”题写的楹联“云移溪树侵书幌，风送岩泉润墨池”，更增加了几分王者的显赫。

## 塔

塔这种建筑是从印度传过来的。它最初是供奉或收藏佛骨、佛像、佛经、僧人遗体等的，在印度称为“窣堵坡”，也称为浮屠、浮图。在传入中原后，逐渐将“坟包”的形式弱化，把它建成了一种高耸的点式建筑。它的主要形式有楼阁式、亭阁式、密檐式、覆钵式、金刚宝座式、宝箧印经式塔。佛塔在与汉文化的融合中逐渐世俗化了，成为中国传统建筑中一道独特的风景线。塔作为中国古代建筑的精品，不论是在崇山峻岭的西北，还是在水网如织的江南，到处都有塔的身影。它已经成为中国古典园林建筑

山西应县木塔

中不可或缺的一个重要组成部分。著名的山西应县唐代木塔，是中国至今保存了1500多年的唯一一座木结构塔。它建于1056年，高67.31米，底层直径30.27米，呈平面八角形。它是中国现存最高最古老的一座木构塔式建筑，与意大利比萨斜塔、巴黎埃菲尔铁塔并称为世界三大奇塔，也是迄今保留的世界最高的木塔。西安大雁塔是存放唐玄奘取回经书的地方，至今仍然屹立在蓝天白云之下。登封嵩岳寺塔、苏州虎丘塔、大理三塔等都凝聚着中国人智慧的结晶。在这要特别提到北京北海的白塔。白塔是尼泊尔工匠阿哥尼，根据印度妇女顶水罐子的形状，创造的这种塔的造型。各地都有阿哥尼建造的白塔，它已成为藏传佛教的标志。北京北海公园内琼华岛上的白塔，是中国藏传佛教佛塔的经典之作。

除上述建筑外还有堂轩、游廊、画舫等建筑小品。宫殿的庄重，亭的闲逸，楼的高耸，阁的潇洒，榭的风雅，堂的豁达，廊的徜徉，窗的憧憬，舫的从容风度，都为中国古代建筑园林增添了无数情趣。

# 第二节
# 掇山与理水

中国古代园林在“师法自然”的基本原则指导下，把千变万化的自然美加以集中，概括到一个特定的空间里，要在有限的空间里表现出大自然深广的内涵。在园林建筑中，自然的山水与人工经营的山、水结合，达到“虽由人作，宛若天开”的效果，是合理整合环境的基础。山水是大环境的开合，建筑是园林的点缀。因此，借助山势、流水以及建筑物的安排，合理地进行人工改造就显得十分必要。“相地合宜，构园得体”“巧于园借，精在体宜”，在中国古代园林建造中，掇山、理水是中国古代人的创造，并形成了自己的特色。

魏晋南北朝时期，文人为躲避纷争的政治斗争，寻求超脱、恬淡、幽静的环境，而建起了许多小型园林。接近自然、疏朗、幽静的私家园林逐步兴起，各种新的造园技艺也不断涌现。

## 掇山叠石

掇山即指人工筑造假山的技艺。唐朝以前，筑山大多是用土来堆山，唐宋时期开始大量使用天然的石头筑山。中国古代帝王历来对石独有钟情。灵璧石黑中透亮，颜色深沉，叩之有声，清润悦耳，音色独具。同时它质地细腻温润，滑如凝脂，石纹褶皱缠结、肌理缜密，石表起伏跌宕、沟壑交错，造型粗犷峥嵘、气韵苍古。古时候有的编

太湖石

磬由灵璧石制作，可合奏“金石之声”。自唐朝开始，文人雅士将体积较小的石头搬入书斋欣赏、把玩。宋徽宗建造“艮岳”，以四十余块巨型石建造奇峰异景，其中著名的景观有“万态奇峰”“望云龙座”“金鳌玉龟”等。灵璧石质朴、雄浑、大度雍容，奇绝天下，宋徽宗将其人格化，给其中的佼佼者命名，皆题刻石上，视若众臣。宋徽宗为了叠石为山，在灵璧境内的磬云山建立了开采基地，十船一组的“花石纲”，在大运河上大行其道，逢山开路，遇水搭桥，为了运输通行，不惜拆毁民房，致使怨声载道、民不聊生。

太湖石又名窟窿石，其形状各异，姿态万千，通灵剔透，意境深邃，嶙峋峻峭，著称于世。太湖石“漏、透、瘦、怪、丑”，体态苗条，纹理贯通，石上布满大小窟窿，上下通透，四面玲珑，且布满凹凸的褶皱，其形虽丑，但丑到了极致。清代文艺理论家刘熙载在《艺概》中写道：“怪石之丑为美，丑到极致就是美到极致。”太湖石“漏、透、瘦、怪、丑”的抽象美与文人的空灵之美、境界之美在精神上完全契合。太湖石、灵璧石和其他奇石的审美价值被发现，奇石在园林建造中的作用越来越受到重视，以至于园林中有“园无石不秀，斋无石不雅”“无园不石”的说法。奇石在园林中起到了画龙点睛的作用，因此又被称为“园中的眼”。

宋“艮岳”被金人烧毁之后，园中大量的灵璧石、太湖石流落民间，成为装点私家园林的珍贵艺术品。上海豫园、陕西法门寺、苏州网师园均有“艮岳”遗存的灵璧石。而开封大相国寺放置的一块灵璧石，上面还特意刻有“北宋艮岳遗石”。位于北京中山公园的社稷坛西面的一块名为“芙蓉石”（又称“德寿石”）的灵璧石，是乾隆皇帝从杭州运回北京置于圆明园的，后移至中山公园，该石已成园中之眼，传世之宝。

自元明以后，就出现了以掇山叠石技艺为生的“山匠”，叠山在江南称为“掇山”，叠石造山已经成为当时一个专门的行当。“山匠”以人工的方式造山理水，经他们努力修建的私家园林受到人们的青睐，他们的地位也逐渐得到提高。

明清以后大型奇石数量减少，工匠们只能以较小的石头作为掇山叠石、人造假山的材料。“山匠”们根据石材的造型、纹理、色泽，以各种不同方式堆叠成假山，并因此形成各自的特点和不同的流派。叠山技艺强调“外师造化，中得心源”“虽由人做，宛若天开”，不留人工斧凿的痕迹，以写意的方式，在狭小的空间里，以高不过数米的灵璧石、太湖石，创造出峰、峦、岫、壑、谷、悬崖等形象。它既在园林中再现自然的景象，又与自然山水合为一体，将山川河流微缩于拳石勺水之间。“无园不石”成为中国古代园林建设中的又一特色。

## 理水造景

水体是构成景观的一个重要因素，它既有静态的美，又能显示出生动活泼的美、灵动的美。山与水的关系密不可分，“山嵌水抱”一向被认为是最佳的成景态势，它也反映了古人阴阳相生的辩证哲理。自然的河流溪涧，在引入园林中，也要随形就势，挖掘开凿新的水体，以适应地形地貌的需要。人工的“理水”与“筑山”是造园中的专门技艺，两者密不可分。有山必有水，山水相依，相辅相成，相得益彰。

在园林中人工开凿的水体是自然界河、湖、溪、涧、泉、瀑的浓缩与概括，是利用水体的形、势来提升园林的功能和品味。人工开凿的水池一般都毗邻着假山，或以水道弯曲引入山坳，或由深涧破山腹而入水池，或山峦起伏而幽水潆流。这种布局恰如“山脉之通按其水境，水道之达理其山形”的画理。在宋代的“艮岳”中，水景也是一大奇观，苑内包括了诸如江、河、湖、泊、瀑布、水帘、涧、溪流、泉水等几十处景观。而在江南虽然江河湖泊众多，但水流引入园林时，必规划成迂回曲折的态势，而且有水必有石，有水必有（假）山，峰回路转，曲水迂回，柳暗花明，层出不穷。无水不活，无水则无灵气，因此水是园林的活力，是园林的灵魂。

掇山、理水的技艺在拳石勺水之间，创造出无限奇幻的景致，它是中国造园技艺的创造，也是中国古代园林独有的特征。

## 第三节
## 曲径通幽的谐趣

从魏晋开始，文人为躲避战乱，远离纷争的权力斗争，寻求自由安逸的环境，纷纷远离城市，在郊外或山林中建立自己的安乐窝，寻求精神的解放和自由，于是开始建造私家园林。这种私家园林开始时是在乡野的宅园，以后才逐步发展。私家园林空间相对狭小，而文人的情怀则希望将有限的景观融入无限的宇宙中，以抒发自己的抱负，追求“意境”成了新的园林审美追求。这种新的审美追求促使造园技艺发生了新的变化，形成了新的造景方法。于是逐步将园内与园外、园内各部分之间、拳石与勺水融为一体，通过对景观平远与高远的对比、统筹，把有限的空间放大，再通过借景、对景、聚景等不同的手法，巧妙地引导人们的视线，产生出另辟蹊径的视觉效果，使人获得新的审美感受。画境理论的运用、文人的直接参与以及工匠队伍的形成，使无限的宇宙被纳入拳山勺水之间，艺术地展现了人们希望追求的境界。

园林艺术是一种空间艺术，连续流动的空间在时间中延伸，又通过时间和空间的转换，创造出不断变化的氛围。在园林建造中，新的创作手法不断完善，例如对景、借景、框景、聚景等。这些手法往往相互配合，互为借鉴，相辅相成，相得益彰。

## 对　景

对景是利用自身所处的位置与对面或者其他几个方向的景物相对应，将自身相对逼仄的环境与对景中的环境融为一体，从而扩大视野，形成一个更为宽阔的景致环境。对景是园林建造中常用的一种手法。对景有“水对”和“山对”之分。在江南园林中，地域不宽，可以曲水流觞，将对方的景色融入自我，你中有我，我中有你，相互映衬。

在苏州拙政园中的“与谁同坐轩”，前后左右分别与“倒影楼”“三十六鸳鸯馆”和山上的笠亭相对。“与谁同坐，明月，清风，我”，苏东坡道出这景致中的谐趣。静止的亭子与游人的互动，一动一静，你看风景，别人看你，楼上楼下，意趣盎然，这就是对景带给人的感观。对景有时会在园内不同的行进路线上，布置不同的景物，相互对应。对景宜于动观，它是在行进过程中，景物逐步地展开，移步换景，层出不穷，层层深入，引人入胜，犹如画面动态地移动，不停地变换，给人以新奇的感受。在中国园林建造中有许多对景的经典案例。

苏州拙政园中的与谁同坐轩

## 借　景

当两个大小不同的空间毗邻时，往往会形成“小中见大”或“大中见小”的强烈对比效果。借景即借外景来突破园林的有限空间，将有限的景观加以扩大，使人心胸开阔。

武汉的晴川阁是一座古老的楼阁，它是为纪念大禹将汉江之水疏通，直接引入长江的事迹而修建的，阁内立有“江汉立朝宗”的石碑。本来不大的一座楼阁，但它背靠龟山，又与黄鹤楼隔江相望。诗人崔颢在登黄鹤楼时，写出了“黄鹤一去不复返，白云千载空悠悠”的诗句。他看到对面的晴川阁，继续写道：“晴川历历汉阳树，芳草萋萋鹦鹉洲。”晴川阁也因此声名鹊起。而与晴川阁一壁之隔的，一座新建造的“大禹神话园”，又借飞峙江边的晴川阁之势，与长江以南的黄鹤楼遥遥相望。后面龟山绿荫覆盖，钢铁铸造的长江大桥横跨江面，好似一道彩虹，整个“大禹神话园”如时空穿越，掩映在苍松翠柏、古朴幽静的氛围之中。园门口一座巨大的“猪龙”雕塑，将人们带入到那洪荒遍野、江水肆虐的苍莽远古。回想着大禹治水的艰辛与顽强——这种景观以借景、对景的手法，与自然山水融合，将古代建筑与现代人文景观巧妙地结合，产生了很好的视觉效果。

一般而言，借景是依据空间构图的前后层次关系，要选择如何借和与谁借的问题。所以，地势起伏越大，借景的可能性就越大。

颐和园景明楼

颐和园景明楼面对昆明湖水，远处背靠西山山脉，近处与玉泉山上的玉峰塔相对而望，高低错落，层叠有致，将远山、近景全部纳入园中。借有“俯借”“仰借”之别，善于安排不同的赏景角度，给人们不同的视觉美感。杭州西湖十景的互借，滕王阁借赣江之水都是借景的佳作。

## 框　景

“框”是一个间隔，是造成一种距离，让距离产生美，所以它是一种重要的审美方式。所谓“框”就是将多余的景物去掉，留下最精华的部分。中国古代的园林建筑中，为了对功能进行区分，会在不同的功能区之间建一些门，这些门的形状各不相同，有月亮门、扇形门，有形状如花瓶的门等。这种门将各个功能区进行分割，这种门自然成了类似照相机的取景框，从外面看到里面，或从里面看到外面，景色俨然都是画框里的一幅图画。

颐和园内的玉澜堂与昆明湖一墙之隔，湖光山色被挡在墙外。于是匠人们在墙上开了各种形状的窗户，在玉澜堂内漫步，就可以通过各种形式的视窗看到蓝天、白云、湖水、绿荫。这种“框”在中国还有一个特别的“装置”，就是“窗棂”。窗棂不仅在园林中的“轩”“堂”内常常被利用，在房屋内也经常被使用，它既分割了室内的使用区间，同时又透光，更增加了美的视觉效果。仅仅窗棂的式样、花纹就有许许多多，千变万化。窗棂已经成为建筑设计中不可或缺的构件，从它深含的文化信息中，折射出古人的审美情趣。比如透过小沧浪水阁观的窗棂取景，观看到对面“小飞虹”廊桥，也看到廊桥外面更远处的景物和游人。

小沧浪水阁观“小飞虹”廊桥

## 聚　景

聚景是多个不同风格的建筑物，围绕一个中心建筑，形成一种内外、远近、高低、不同层次的景观效应。你中有我，我中有你，遥相对望，互为呼应，形成谐趣横生的场景。聚景常常和对景、借景相互结合，形成多层次的景观视觉效果。比如下图中以亭子为中心，楼上的人既可观水，又可观亭，亭中的游人使画面产生动感。反之，亭中之人观看对面的楼台和上面的人，它也变成了一幅鲜活的画面。

聚景

中国古代园林造景的多种手法，一方面是对自然风景的提炼、概括、典型化，另一方面又以山、水、花木和建筑小品、楼阁等的合理运用，创建三度空间的立体布局。各种手法相互借鉴，互为补充，你中有我，我中有你。

中国园林是自然美、建筑美与造型美的完美结合，也是中国建筑园林“形式美”的表达。

## 第四章

# 中国古典建筑园林的内涵

宗族观念，

群居意识，

在天人合一的环境里

创建出和谐的音符。

皇权的等级，

中轴线的确立，

一正两厢的格局，

展现出宫阙辉煌的画图。

文人的追求，

冥思构想的勺水拳石，

描绘的是曲径通幽的去处。

伦理道德的传统，

文化幽怀的追溯，

在古建筑蕴含的意韵中，

处处使人

回味与感悟。

# 第一节
# 一正两厢的建筑模式

中国古典建筑体现了强烈的群体意识，个体建筑与群体建筑保持着强烈的纽带关系，这种关系是中国古人伦理道德最直接的体现。对外封闭，对内以中轴线为中心，左右对称的“一正两厢”格局，则是群居布局的基本模式。

## 群居的需要

中国古代社会是以农耕为主的小农经济，历来受到由祖宗崇拜带来的宗法礼制思想的影响和制约。汉代许慎的《说文解字》曰：“宗，尊祖，庙也。”从“宗”字本身来看，它的头上是一个宝盖，也就是房屋的顶。而“示”字即是被神化了的祖先。所以“宗”的基本含义是居住在房屋内变成仙的祖先。同时，一家一户的小农经济，在抵御自然灾害和外部势力的侵扰时都显得力量单薄，唯以家族的合力一致对外，才可以战胜各种不利的外部因素。这样具有血缘关系的族群就形成宗族的强大力量。这种宗族礼制的思想，就决定了建筑必须适应群居的要求。有许多分散的居室，但是四周封闭，形成一个四方的整体，使居室既各自分散，又具有整体性，并且相互关联，群居性的建筑模式就此形成。

## 伦理道德的要求

儒家思想是中国古代社会的思想基础，儒家倡导长幼尊卑之序、男女内外有别的伦理关系，从意识形态上巩固血缘家族的社会基础，同时木框架建筑为此提供了技术上的保证，可以灵活多变地组成各种单元，因此建筑上一种具有一正两厢的封闭的院落布局适应了这种伦理关系，或者说这种建筑形式反过来固化了儒家的伦理道德思想。

## 皇权思想的统治

儒家伦理道德思想也是封建统治的思想基础。在家族中是“父父子子”的长幼尊卑之序，在国家则是“君君臣臣”的臣对君的臣服关系。封建大帝国在政治上依靠中央集权的国家机器，在思想上依靠儒家的伦理道德观做基础，在建筑上必须反映帝王至高无上的皇权。在城市规划中，运用不同的建筑布局来突出皇宫的中心地位，通过单体建筑雄伟高大的形象，来反映皇权的至高无上和皇帝的至尊至大。皇家通过繁缛的建筑群体、宏大的规模来表现宫苑、坛庙、城池雍容华贵的气派和无比崇高的形象。

为了强化封建大一统的中央集权制度，也为了适应伦理的宗法家族观念，以中轴线为中心，则体现了“王者居中”的核心理念。集中统一，对外封闭，对内灵活，一正两厢，宫城居中轴线的中心点，这是对建筑的整体要求。

从远古半坡房屋遗址的挖掘中，就出现了“一明室两暗室”的结构，房屋也是相互紧密连接、群居在一起的。汉代出土的陶楼模型，也明显地看出家族的群体聚居模式。

秦始皇统一中国后，在建筑上做的一件大事就是修筑长城。中国西部有喜马拉雅山阻隔，东南面有大海阻挡，只有北方开阔。面对北方游牧民族的时时侵扰，秦始皇修建了万里长城，把中国变成了一个封闭的大国，避免了北方异族的侵扰，保卫了国家的安全。

中国几千年的封建制度，依据古制，不论哪个朝代的城池建设基本都是按照三套城的方案。宫城，是皇帝居住和朝廷议事的地方，也是封建社会的核心。明清时期宫城的核心称为紫禁城。紫禁城四周封闭，军畿拱卫。内部分为前朝后庭的格局。代表最高皇权的太和、中和、保和三大殿位于中轴线的中心位置，代表了帝王的权威。后宫为嫔妃居住地，又分别建立了层层叠叠、对外封闭、对内开阔、若干相对独立的封闭院落。院落内部房屋的布局也是按照一正两厢的格局安排。

皇城则是宫城以外的城市布局，它主要居住的是皇亲国戚、朝廷官员以及其他主要家族。皇城以宫城轴线为中心向南北延伸，城市按照棋盘格式分布。唐朝长安分成了东西对称的两部分，东、西两部各有一个商业区，称为东市和西市。城内南北11条大街，东西14条大街，把居民住宅区划分成了整整齐齐的110坊，其形状近似一个围棋盘。整个城市规模宏伟，布局严谨，结构对称，排列整齐。明清时期将北京城建成四方城，人称“四九城”，并按照《周礼·考工记》所规定的“前朝后市，左祖右社”的古制，社稷坛建在城西，太庙建在城东，“后市”即皇城南面的商业区。皇城以外则是平民居住的外城。在皇帝行宫中，皇帝处理行政事务的院落内部也同样按照这种布局安排。由此不难看出，皇城对外封闭，以中轴线为中心，一正两厢的建筑格局是几千年来，大一统封建帝国持续传承最稳定的象征，建筑规制将封建体制以外在形式具体地固定下来，建筑成了封闭的封建体制的象征。

## 寺观园林的变化

作为中国古代建筑园林三大体系之一的寺观园林建设，也在大一统的皇权体制和儒家思想的影响下，逐步汉化，并被纳入正规的体制内。在中国神权是依附、从属于皇权的，无论是外来的佛教还是本土的道教，从来都没有出现过像西方那样的宗教狂热。中国古代“精卫填海”“女娲补天”的故事也都是讲人的力量。孔子说“未能事人，焉能事鬼”，中国古代人崇拜的是祖先，对于神权则是一种“泛神论”的观念。佛教传入中国后，为了在信众中站住脚，因此佛教逐渐与儒学、道教融合。佛教建筑，也在这种融合的过程中逐步汉化。寺庙建筑内部的布局也变为了以中轴线为主的“一正两厢”格局。寺观园林建设在建筑上的反映，则是温和地逐步转型，逐步形成了寺庙与园林分开的“前宫后苑”模式。这样寺庙建筑完成了汉化、世俗化的转变，融入了大一统的中国古代建筑体系，成为中国古代建筑园林总体布局的一个组成部分。

## 多民族的统一

中国是个多民族的国家，各少数民族受汉文化的影响，群居、聚居成为他们的主要生存方式，他们根据自身的地理环境、气候条件、土地资源、民俗习惯创建了种类繁多的民居建筑形式。房屋由于需要依据山势和水流的方向依山、依水而建，所以不能完全依据南北中轴线布局。但是整个院落封闭的形式没有改变，也是对外封闭、对内开放。这种包含了乡土民俗文化的建筑使中国古代建筑呈现出多元化的局面。

北京四合院的结构是皇城的缩影。山西大院虽然与北京四合院有所区别，但是它对外封闭、以中轴线为中心、向两边分设若干院落，院落重重叠叠，这种形式适合家族群居的要求，集中与分散相结合。

在殷周时期的《周礼·考工记》中就对这种对外封闭、对内以中轴线为中心、一正两厢的城市格局做了详细的规定，成为传统的祖制，变成古训。建筑的传统建设格局成为封建体制外在的稳定因素。而尊卑有序的群居环境，既符合儒家的伦理道德观，又呈现了有分有合的多元变化，显现出不同特色。宫殿建筑群和不同形式的民居共同构建了中国的古典建筑，而这种结构延续了几千年，也成为中华民族的一种传统。

# 第二节
# “天人合一”的园林布局

园林是建筑的附庸，是有别于正统规制下的另一番天地。中国古人历来具有山水情节，智者乐水，仁者乐山，与山水为依，与自然为伍，寻求一种“天人合一”的环境，这就是古代园林建造的指导思想。

## 古代园囿的演变

早在殷周时期，那时中国还处在奴隶社会，国王、贵族喜欢大规模的狩猎。“灵囿”是周文王建造的专门圈养狩猎时活捉的大量野兽和禽鸟的，是中国古代最早的皇家苑囿。同时，为了登高以观天象，通神明，用土垒台，建榭以观天象，览风景。与此同时，在苑内划出专门的区域种植花草树木，称为花圃、园圃，所以古代园与圃是通用的。囿、圃、高台榭是古代园林的三大源头，共同组成了“苑”。苑的面积十分宽广，粗放，基本是以自然山水林貌为主，反映了古人山水崇拜的情结。

汉武帝在位时，西汉经济繁荣，国家稳定。为求长生不老，羽化登仙，他将可望而不可即的蓬莱、方丈、瀛洲三座海上仙山搬到自己身边，于是修建了太液池，并在太液池内垒起三座土山，象征蓬莱、方丈、瀛洲三座海上仙山，从此中国古代园林中就形成了“一池三山”的水景建造模式，并被历代皇帝尊崇。汉武帝第一次将人对神灵崇拜的观念与对山水崇拜的观念相结合，并在自然景观中渗入了帝王的思想。

唐宋时期园林建设已经逐步成熟，唐朝两京建立了数百座园林，宋徽宗亲自建造的“艮岳”成为古代皇家园林的经典。古代皇家园林也从“苑”的粗犷转向了“园”的精致。

两晋时期，由于社会动荡，战乱频繁，以及文人们深受道家思想的影响，促成了他们对超尘脱俗的自然山水的热爱和向往。嵇康、阮籍、山涛、向秀、刘伶、王戎及阮咸七人常在当时的山阳县竹林之下喝酒、纵歌，肆意酣畅，世人称为“七贤”，后与地名竹林合称，世称“竹林七贤”。“竹林七贤”的行为举止是文人超然脱俗寄情山水的最初表现。

在隋唐科举制度确立以后，文人变成了官僚，官僚退隐之后又成为当地的士绅。有的官员因仕途失利或不满权贵的倾轧，厌恶官场的腐败，逐渐隐退，以高洁的情操自居，寻求雅致清幽的环境，于是开始建设属于自己的宅园。这种叫“山池院”的宅园，是新兴的一种私家园林。王维的“辋川别业”、李德裕的“平泉庄”、杜甫的“浣花溪草堂”、白居易的“庐山草堂”都是著名的私家园林。其中白居易被贬谪到江州担任“司马”时，在庐山香炉峰之北建立了“庐山草堂”。草堂的建筑和陈设极为简朴，三间简易的房屋，原木柱子也不涂油漆，内部陈设两张屏风，放着一架古琴，桌上摆放着几卷儒、释、道的书籍，吃的是山中采集的野菜。白居易将草堂完全融入自然的环境中，以山水泉石为伍，与清风明月为伴，寄托自身高洁的情怀。

## 隐逸文化的影响

崇尚隐逸是文人、士大夫寄情山水，热衷建造私家园林的另一个重要原因。隐士是那些具有远大抱负，却又得不到当政者的青睐，怀才不遇的人。他们既不愿折腰献媚，也不愿流于世俗。为了维护自己独立的品格和自由的精神，因此希望避开喧嚣的社会，躲进山林隐居。园林的优美、宁静，与自然融为一体的景致，使风景与人的性情合为一体，获得“天人相与”的快感，精神得以释放，人格得以彰显。私家园林的位置往往选择在山林与城市之间。文人们认为“山”虽然清净，但是过于寂寞；“市”虽然繁华却过于喧嚣、世俗。唯有“园”既不远离人世，也不失自然的恬静，它具有自由安逸、散淡舒适的自然环境，使自身的精神得以超脱，过一种平静的生活。同时文人们又不愿意完全“出世”，希望有朝一日仍然可以入朝继续为官。陶渊明虽然寄情南山，但他的宅园还是“结庐在人境”，只是无车马的喧嚣。米芾在家中花园里，置石为友，拜石为“石丈”“石兄”。岁寒三友的松、竹、梅是人品格的象征，多少文人志士傲视苍穹，似超凡脱俗，忘乎自我，以此自诩，其实追求的仍然是一种有我境界，是一种怕被世人遗忘的内心表白。私家园林具有人双重的理想境界，也因此成为文人士大夫寄情山水追求和向往的地方。

如果说早期的私家园林是文人士大夫超凡脱俗、追求独立精神世界的场所的话，那么明清以后在苏州、杭州、扬州等地兴建的私家园林，则变成了艺术品。其不仅是寄情山水的精神家园，同样也是具有浓厚文化氛围的艺术世界。

明清时期的江南，经济十分发达，文人商贾云集。为了显示他们巨大的财力，纷纷建造私家园林。私家园林不仅有优美的景致，同时也具有许多其他功能，例如园内筑有戏台，建有藏书楼以及既可休闲又可怡情的“斋”“轩”“堂”等建筑，因此园林景观和多功能的建筑就成为他们相互攀比的对象。江南毕竟土地稀少，水网纵横，地域狭小，但天地广阔，如何在这拳山勺水间，海纳百川，融山川之精华，纳天地之灵气，就成为造园需要解决的问题，新的造园术从此不断涌现。叠石掇山可以在有限的空间内创造出峰回路转、曲径通幽的艺术效果。理水则是有水必“曲”，曲折潆洄。有水则有石，山水相依，山中有水，水边有假山的景致。私家园林掇山理水与园中的亭台楼阁相互配合，互为借鉴，形成了多视角的艺术效果。园林虽然逼仄却深含宇宙天地之韵迈，四季之精灵，给人以无限的畅怀。扬州个园是一处典型的私家住宅园林，它以四季景色著称。从住宅进入园林，从书写“个园”二字的月亮园门进入，分别有春景、夏景、秋景、冬景四个不同的分区，以笋石、湖石、黄石、宜山石叠成的春夏秋冬四季假山，游览其中犹如穿越四季的时令，春暖，夏暑，秋凉，冬寒，四季变换，给人以无穷的欣喜与快慰。

宋代建造的苏州狮子林、留园、拙政园、沧浪亭等私家园林，则通过更多的手法，将有限的空间无限地放大，层层叠叠，层出无穷，变化万千。江南私家园林将自然山水与人文景观融为一体，将建筑与艺术、建筑与文化、建筑与人文精神融为一体，它不仅是文人士大夫精神寄托的家园，而且已经成为中华民族园林艺术家族中的珍品，中国古人伟大的园艺杰作。

## 第三节
## 曲水流觞的文化气息

自宋代开始，私家园林的人文化更进一步提升了园林的品位。明代才子文徵明后人文震亨在《长物志》中提出“要须门庭雅洁，室庐清靓。亭台具旷士之志，斋阁有幽人之致。又当种佳木怪藤，陈金石图书。令居之者忘老，寓之者忘倦”的理想境界。

园林的文化气息更体现在对“意境”的追求。意境是意与境、情与景、神与物相互融合而成就的艺术整体。它既包括了主、客观两个方面，也包括艺术气氛、神情韵味以及景外之景等因素。它是以有形表现无形，以物质表现精神，以实境表现虚境，使具体的形象与丰富的想象结合起来，使实景与它所暗示象征的虚境融为一体，在情感上获得美的感受。当人们寓情于景之后，景物也就被倾注了人格的灵性，也才会使人产生一种新的意境。

## 以画入园、因画成景

宋代时期，私家园林蓬勃兴起，江南商贾士绅大多富可敌国，他们有意请知名画家为他们设计；另一方面，文人画家也主动参与，将园林的艺术氛围提到一个很高的水平。

历史上的山水画家多以名山大川作为创作蓝本，从山岳风景中汲取创作灵感。他们中的大多数人具有很高的艺术修养，并将古代绘画理论运用在园林建造中。中国古人绘画的视角是站在高空，向下俯视，将远山近水都纳入其中，形成高远、深远、平远的视觉效果，用寥寥数笔勾勒出整体的形象。宗炳在《画山水序》中有：“竖画三尺，当千仞之高，横墨数尺，体百里之回。”而园林建造则在咫尺之地凿池堆山，将“百里之回”再现于一园之中。在园林中对于“石”的运用在世界上也是绝无仅有的。“漏、透、瘦、怪”的太湖石屹立在园中，它曲折多变的身姿，显得有些怪异的形态吸引着人们的眼球，多一分似乎嫌肥，少一分又似乎嫌瘦，给人以无穷的遐想。它是天然的抽象雕塑艺术品，是上天赐予的礼物。灵璧石的古朴厚重、形体的怪异流露出岁月的沧桑，因此古典园林“无石不园”，它是园中的眼。如果说，掇山理水的造景是对自然风景的提炼、概括、典型化，那么依据中国绘画理论造园，则是以山、水、花木、建筑物创成三度空间的立体布局。中国画是对自然风景的高度概括和升华，园林则把经过升华了的风景又再现到人们的现实生活中。这种再现并不是在一张白纸上任意铺陈，而是以俯视的角度，纵观园林内外现有的山水林泉，将人工景观与自然风景结合，内部与外部统一，相互借景，互为补充，形成“天人合一”的有机整体。

古人一直认为，文人只有做官才是正道，其他技艺都不足挂齿。但是在私家园林蓬勃兴起的时候，文人也不再把园林设计艺术当成一种雕虫小技，而是当成一种事业全心投入。其中最为著名的是明代园艺家计成。他少年即以绘画知名，中年漫游大江南北，并有“搜奇”的爱好，最后定居镇江，潜心研究造园术，完成了《园治》这部专著，并为武进的吴玄建造了东第园，为仪征汪士衡、扬州郑元勋分别建造了寤园和影园。他的理论与实践都对后世的造园技艺产生了极大的影响。在这一时期还有李渔的《一家言》、文震亨的《长物志》等著作刊行。这三部著作比较全面地总结了古代建造园林的经验和方法，是全面而有代表性的著作。画家变成了园艺家，这不但极大地提高了造园的实践与理论水平，也极大地提高了园林整体的艺术价值。以画入景，以景成画，人在景中漫步流连，每一处风景都是一幅画，人们欣赏美景，转而品味其中的谐趣，这种“审美观照”在移步换景的变化中一步步加深，进而在“审美静照”中获得一种精神的快慰，并感悟到其中的意境。中国古代的山水画、绘画理论深刻地影响了园林建造的发展，反过来，园林艺术又再现了画内的场景，将自然的山水微缩在园林内，使自然与人工创造紧密结合，形成了一种既有自然又有人意的全新的艺术境界。

## 无诗不园，因诗得名

千百年来，文人游历名山大川已成为社会风尚，他们面对美景有所感悟而流于笔端，写下了大量的诗词、散文、游记，形成了独树一帜的山水文学。名山大川的自然美景之胜，给文人越来越多的领悟，激发了他们的创作激情。文人的参与使古代园林充满了厚重的文化养分。如果说，山水画为园林创造出新的人文景观，使人们获得一种超然物外的境界的话，那么山水文学则赋予园林以生命。

## 文化是园林艺术之根

中国的文学艺术无不讲究含蓄之美，可谓：“尽者景之美可收眼底，不尽者景外有景，言不尽意，弦外之音。”诗词在中国古典园林里可谓俯拾皆是，但凡著名的园林，或因诗人的佳句，或因文人的警句格言而得名。陶然亭因白居易有诗“更待菊黄家酿熟，与君一醉一陶然”句中的“陶然”二字而得名。诗人苏瞬钦在水边建亭并取名“沧浪”，名字取自《孟子·离娄》和《楚辞》中“沧浪之水清兮，可以濯吾缨；沧浪之水浊兮，可以濯吾足”之意。他作《沧浪亭记》，来表达自己与自然浑然一体，淡泊与自然的闲适心情，并自号“沧浪翁”。他的自家园林也因“沧浪亭”而著称。北宋文学家欧阳修为此作《沧浪亭》，诸多大文豪也在此吟咏畅怀，领略“清风明月本无价，近水远山皆有情”的妙境。

园林中的诗文佳句往往通过楹联的形式加以表达。江南园林中的楹联无处不在，每一个凉亭，每一座书斋，每一处楼台，只要有柱子就有楹联。这是古代的造园艺术家创造意境的绝妙之处。在园林中明志类楹联言简意赅，内涵深意，细细品味，给人以启迪，处处体现了儒家对人的教化。抒怀类楹联如苏州的“半园”：“园虽得半，身有余闲便觉天空地阔。事不求全，心常知足自然气静神怡。”又表现了道家的知足常乐，超然物外，静心怡神的人生观。绘景类楹联如岳阳楼上有“四面湖山归眼底，万家忧乐到心头”，既是对景致的描写，也是对古人的缅怀。楹联的题写，往往是著名书法家留下的墨宝，有的题写在匾额、廊柱上，有的则悬挂在楼堂内，还有的镌刻在山石上。欣赏书法家那酣畅的笔墨，篆刻家金文遒劲的功力，本身不仅是一种享受，而且是对欣赏者情感的一种诱发。在风和日丽的日子里，在拳石勺水边，吟诵着耐人寻味的诗句，观赏着灵动飞舞的书法，感受着篆刻的厚重，人的情感会一步步得到提升，联想也越发丰富，从审美观照进入到审美静照，在这种情感的转换中，获得一种艺术的境界，这种审美享受只有身临其境才能感同身受。

## 独特的藏书楼

在园林发展史上，筑藏书楼阁，是中国古代园林建设中一个十分独特的地方，它不仅为园林增加了建筑景观，也提升了园林的文化气氛，在人们娱情于乐的时候，也不忘诗书的雅趣。宋代周密的程氏园“藏书数万卷，作楼贮之”，于是，这就成了该园的主要特色。建于明代的“天一阁”“八求楼”等，都是私人藏书楼，距今都有400多年的历史。在皇家宫苑出现的藏书阁，在圆明园有“文渊阁”，在避暑山庄有“文津阁”，还有以“文”字当头的“文澜阁”“文渊阁”“文津阁”，均藏有《四库全书》的珍本，藏书楼（阁）像是园林内的一座文化宝库，丰富的史料，浓郁的文化信息，使园林承载了更加深厚的文化气质与精神内涵。园中的这些藏书楼都体现了“与古人相对，左图右书”的浓郁的人文气息，成为园内别具个性的景观。

## 丰富的民俗文化

民俗图案也成为园林建筑中一道靓丽的风景。中国古人历来喜欢动物的形象，飞禽走兽、奇花异木，不仅形象生动活泼，而且通过其形象的音、形来表达祥和、安康、喜乐、长寿的寓意。在江南的私家园林和宅居内的屋脊、雀替、门楼、纱隔、漏窗等处都以木雕、砖雕等形式装饰。有的地方还施以彩画。地面有的也用鹅卵石拼成图案的样子加以表现。在园林建筑中叠山的造型，理水间的婉转曲折，都表现了工匠们丰富的想象和对幸福、吉祥、长寿、富有、高洁精神的表达和追求。在园林内的“轩”“堂”内陈设的布置，也透露出强烈的文化气息。古朴的门对着庭院敞开，雕有各式图案的窗棂，将外面的阳光透射进来，在窗棂里看外面的景色若隐若现。室内陈设的条案、书桌、椅子，墙上的山水立轴画，桌上的青花瓷瓶，无不折射出文人的雅趣。而笔、墨、纸、砚台更是古代文人缺一不可的“文玩清供”。琴、棋、书、画“四艺”则是古人自我欣赏的雅趣。文人将他们的感受在“堂”“轩”内又以书、画、诗文的形式再现出来。抚琴、弈棋、品茗、读书、绘画的生活，表现了他们超脱世俗、雅致清高的精神生活。园林中的“堂”“轩”“斋”是古人自我欣赏，感受自然山水，享受生活的场所，更是他们精神寄托的家园。

## 综合的艺术形式

中国古典园林不仅有优美的景致，宜人的环境，它更包含了各种艺术形式，它是综合的艺术体。它是画的再现，是诗文的表达，是书法的彰显，是雕塑的显现，同样也是音乐、戏曲的畅响。漫步在苏州的园林中，人们才突然感悟到昆曲在苏州诞生的原因。昆曲在苏州诞生不仅因为商贾绅士家养有戏班子，更重要的是他们在园林的真情实景中进行艺术的创作和锤炼。那移步换景、曲折迂回的流水，犹如唱腔的一唱三叹；那曲径通幽、豁然开朗的叠山，又使曲调委婉曲折，充满了韵律。在亭榭回廊中偶遇，又引出跌宕起伏的爱情故事。园林中的台榭是昆曲的天然舞台，昆曲是文人雅士在园林中的现实生活。昆曲在唯美的山水间回荡，回味无穷。江南的私家园林是综合的艺术品，它蕴含了中国古典文化的精髓，这就是中国古典园林的魅力。

欣赏园林之美，观赏的不仅是它地域之旷达、建筑之华丽，花木之绚烂、山石之奇巧，更要深谙它的内涵，去感悟意境带来的深层次的美，这是构成园林整体要素中最重要的文化含量。在园林景致中通过游玩、欣赏、品味来提升审美情趣是最好的精神享受，而用旷达与超脱的眼光来审视园林景观，才能真正了解中国园林，探究到它的艺术魅力。

## 帝王的推崇

宋徽宗一生酷爱艺术，他亲自设计的“艮岳”是古代皇家园林的经典。清代康熙、乾隆数次南巡，对江南园林十分喜爱，不仅多次游览，而且直接命画家将著名的景致摹画下来，在皇家园林中仿建。扬州瘦西湖是两淮转运使卢见曾为迎驾康熙帝而修建的，它将江南园林与皇家园林相结合，充分体现了江南园林的韵味。后来乾隆皇帝游览

无锡寄畅园

瘦西湖“四桥烟雨”一景时，在烟云细雨中，环望四桥，如彩虹蜿蜒出没波间，深感水云缥缈之趣，特为此景题额“趣园”。在无锡寄畅园，康熙数次临幸该园赏梅。该园为明代尚书的私家花园，他设计的园林中，堂、阁、亭、榭环绕清池而立，叠石假山以为溪谷，引无锡惠山之二泉水入池，以构思之精巧，景致之曲折深得康熙、乾隆的喜爱。乾隆南巡，对“寄畅园”精巧的结构流连忘返，回京后在颐和园万寿山东麓依样仿建了“惠山园”。

杭州西湖十景之一的“平湖秋月”，是皓月当空、湖平如镜、徐风拂面之时，吟诗赏月的佳处。康熙第三次南巡的时候，在此敕石建亭，更增添了雅趣。乾隆南巡后在圆明园也增添了“平湖秋月”一景。康熙南巡至绍兴兰亭，用大字临王羲之《兰亭集序》，并刻石立于兰亭遗

南海流水音

址。曲水流觞是古代文人墨客的一种风雅活动，以晋代王羲之书《兰亭序帖》而著名。皇帝十分欣赏文人的这种雅趣，特在西苑及宁寿宫花园等地建有象征性的“流杯亭”。乾隆皇帝还为南海流杯亭题匾名“流水音”。

在承德避暑山庄如意洲的“烟雨楼”，则完全按照浙江嘉庆南湖“烟雨楼”的样子仿建。帝王对于江南园林的喜好，大大提升了皇家园林的艺术价值和文化品位。帝王的喜好，同样也受到大臣的效仿，于是在自家的花园中也建造起深具文化趣味的花园。恭王府是清朝大学士和珅的私邸，其后花园名为“锦翠园”。造园模仿皇宫内的宁寿宫。全园以“山”字造型，假山拱抱，山顶平台，居高临下，可观全园景色。戏楼南端的明道斋与曲径通幽、垂青樾、吟香醉月、流杯亭等五种景致构成园中之园。花园内古木参天，怪石林立，环山衔水，亭台楼榭，廊回路转。月色下的花园景致更是千变万化，别有一番洞天。在帝王及重臣的参与、推动下，北方的园林也呈现出一幅江南园林的景致，散发出浓郁的文化气息。

## 工匠的智慧

江南私家园林的发展得益于工匠的努力，在园林建造中，工匠们的地位逐步受到重视，这些“山匠”“花园子”在与文人的交往中，学习到许多新的知识，有的更是自觉地钻研，提高自身的文化素养，以便更好地与文人交流。明代张涟与张然父子便是此辈中的佼佼者。他们毕生从事叠山造园，誉满江南。后来他的次子张然去北京，参加了西山区“三山五园”的建造，世代为内廷和王公贵族造园，成为北京著名的叠山世家，人称“山子张”。而中国古代建筑园林中杰出的建造者——雷氏家族，将古代最辉煌的皇家园林建筑保留下来，为我们留下了永远的纪念。康熙年间在维修太和殿大梁出现危机之时，一个江西小木匠雷发达挺身而出，迅速将大梁安置在太和殿的顶上。康熙亲自授他七品官，并任命为内廷造办处领班。从那时起，雷氏家族一直任内廷造办处领班，为宫廷和王公贵族修建了大量的宫殿、陵墓、私家园林。八国联军烧毁了圆明园、畅春园、清漪园等建筑，雷氏家族则在清漪园的废址上重新修建清漪园，即现在的颐和园，致使人们今天依然可以一睹昔日皇家园林的风采。他们创造的以小模型放样的建造方法，被称为“样式雷”“烫样雷”。这个家族作为宫廷造办处领班，持续了200多年，他们修建的宫廷建筑撑起了半个北京城，所以有人说“古有大鲁班，今有雷领班”。他们在清中晚期的建筑园林建设中发挥了巨大的作用，值得人们永远记住。

中国古代建筑园林的成就是文人、造园家、工匠三者结合，将历朝历代造园的宝贵经验向系统化和理论化方面提升，终于在明末出现了文人园林，园林文人化的局面，使园林艺术达到了古典园林建造的顶峰。园林已经上升为一种综合的艺术形式，景致是园林的表象，文化则是园林的生命。

第五章

# 西方建筑的演变

爱琴海边的古希腊，

欧洲文明的摇篮。

雅典卫城的帕提隆神庙，

雄伟庄严，光辉灿烂。

古罗马继承了古希腊的文明，

使建筑如同雕塑一样精湛。

哥特建筑的塔尖高耸云端，

美第奇宫邸稳重四方，

巴洛克建筑扭曲而夸张，

洛可可风格富丽堂皇。

包豪斯已回归理性，简洁大方。

科技的进步，思想的解放，

不断的演变，不停的反叛，

在变革中发展，

西方建筑创造了不朽的辉煌。

# 第一节
# 欧洲文明的摇篮

古希腊文明是欧洲文明的摇篮，欧洲的政治体制、文化、艺术、科学技术的发展，都起源于古希腊。与世界其他地区比较，它的历史虽然不是最早的，但是它却是同时期西方文明中最优秀的文明。跨越欧、亚、非三大洲的罗马大帝国继承了古希腊文明，并大力推行“希腊化”，因此古希腊真正成为欧洲文明的摇篮，它对世界文化都产生了巨大的影响。

## 古埃及文明

人类最早的活动，不论是在东方，还是西方，大致的时间基本上是相同的。古代埃及在5000多年前就已经有了人类活动。在公元前3200年左右，埃及建立了自己的第一个王朝，成了统一的奴隶制帝国，建立了中央集权的专制的国家。尼罗河养育了那里的人民，使得埃及成为世界上最早的四大文明古国之一。

尼罗河每年夏季河水泛滥，淹没了两岸的农田，但却给人们带来了肥沃的土壤，农作物反而生长得更好。农业种植技术得到了迅速的发展，人们开始使用木犁，学会了灌溉技术，并最早开始种植大麦、小麦、葡萄、橄榄等植物。农业的丰收，使得人们有更多的食物。因为水患淹没的土地，国家每年都必须重新分配，因此水利学、测量学、几何学、天文学都得到了很大的发展。尼罗河为人们提供了充足的食物，因而剩余劳动力可以从事建筑行业。人类生存除了食物以外，就是居住的房屋，人们因此对房屋的建造充满了热情。

在尼罗河两岸缺少树木，但是有大量的芦苇、纸草、泥土作为建筑材料。起初人们就是用这些材料建造房屋的。那里还有丰富的石材，石头是埃及地面上主要的自然资源，从此人们开始把石头加工成一块块的石料，建造房屋。由于尼罗河每年泛滥后，需要重新丈量土地，因此古埃及当时就掌握了水文、测量、地理等科学技术。他们也开始用石制的斧、凿、刀等作为生产工具，在青铜器出现之后则使用青铜制的锯、斧、凿、锤和水平尺作为工具，生产效率获得很大的提高。

古埃及法老相信，只要将尸体保存完好，人的灵魂不会死，几千后还可以获得重生，因此建造陵墓就成了法老们的首选。古埃及有许多的大陵墓，其中胡夫金字塔是迄今为止发现的70多座金字塔中最大的。在公元前约26世纪中叶，十几万人，用了20多年的时间，将一块块处理得平平整整的石料，逐次地垒起来，修成了有40多层楼高方底尖顶的石砌建筑物。它规模宏大，从四面看都呈等腰三角形，整个塔内部几乎是实心的。在法国埃菲尔铁塔没有建成之前，它是世界上最高的建筑物，被喻为世界古代七大奇迹之一。几乎在同一时间，埃及第四王朝法老哈夫拉修建了“哈夫拉金字塔”，在塔前修建了神庙和狮身人面

哈夫拉金字塔

像。它的高度只比胡夫金字塔矮3米多，但是因为修得更陡峭，所以看上去显得更高。

古埃及人民用他们的智慧和艰苦卓绝的劳动，创造了人类文明史上最早也是最伟大的建筑物。从11世纪起，由于利比亚人、埃塞俄比亚人、亚述人和波斯人的轮番征服，埃及衰落了。

## 古希腊的辉煌

公元前8世纪，古希腊也创造了灿烂的文明。古希腊由当时巴尔干半岛、小亚细亚西岸和爱琴海岛屿上的许多奴隶制城邦国家组成。它们这些城邦制国家之间政治、经济、文化关系十分密切，虽然它们之间从来没有统一过，但对外都统称为古希腊。古希腊地处欧、亚、非三大洲交汇之处，古埃及、古巴比伦、古波斯、古腓尼基以及其他大量流动的民族，他们间的交流必然经过或者涉及古希腊，因此古希腊成了古代文明交汇的地方。古希腊岛屿众多，山多地少，又面临大海，从而造就了他们从一开始就学会和掌握了航海技术。同时手工业发达，以手工艺品交换作为海上贸易的手段。商业、手工业发达的城邦国家，经济繁荣，自由民的民主制度达到了很高的水平。古希腊最早建立了城邦制国家，这些“城市国家”，由自由民共同参与管理，但他们之间从来没有建立起一个集中的中央集权制国家。在这里人文主义得到了充分的展现，人们思想活跃，科学技术得到了很大的发展。在古希腊诞生了许多的古代哲学家，如苏格拉底、柏拉图和亚里士多德等人，他们创建了今天的西方哲学体系。古希腊数学家、哲学家毕达哥拉斯认为世界万事万物都包含数，他的“一切皆数”的观点，对后世科学技术的发展起到了重要的作用。古希腊人文精神的彰显，活跃的思想，积极的探索精神，使他们在科学理论和实践中都获得了长足的发展，古希腊文化也呈现出极为繁荣的局面。

古希腊神话是古希腊人的精神支柱。在《荷马史诗》中的《伊利亚特》和《奥德赛》中包含了大量被人们崇拜的各种神。希腊神话中的神与人同形同性，既有人的体态美，也具有人的性格，参与人的活动。古希腊的神更像是伟大的人，具有不可战胜的力量。与其说他们是对神的崇拜，不如说是对人的赞颂。

在公元前5世纪初，古代波斯帝国为了向西扩张，大举进攻希腊，发动了历史上著名的希波战争，历时数十年之久，战争最后以希腊获胜、波斯战败而告结束。希腊的城邦制国家和制度幸存保留下来，雅典成了希腊各城邦的帮主，古希腊文明得以保存。

公元前4世纪，马其顿王国亚历山大大帝先后统一希腊全境，占领埃及，荡平波斯帝国，横扫中东地区，战争一直打到印度河流域。之后，马其顿王国亚历山大大帝在其统治的地区大力提倡“希腊化”，从而大大促进了古希腊文化的繁荣发展，以及东西方文化的交流。古罗马帝国横跨欧、亚、非三大洲，古罗马是古希腊文明的继承者，古希腊文明因此在世界迅速传播，并对世界文化产生了深远的影响。

欧洲文明并不是只有古希腊一个起点，希腊文明也不是最早的文明，但是，它的自由民的城邦制度，它的人文主义，丰富的哲学思想和科学精神，使它在融合了各种文明之后，超过了其他早期文明，并形成了最为灿烂的人类文明。古希腊文明是现代欧洲文明的启蒙者，是现代西方文明最直接的渊源，西方有记载的文学、科技、艺术都是从古代希腊开始的。古希腊文明成为欧洲文化的摇篮，古罗马帝国继承了古希腊的文化传统，并发扬光大，所以欧洲人把古希腊、古罗马称为“古典时代”，“古典”意味着对“经典”的赞誉。

古希腊是欧洲文化的摇篮，古希腊的建筑同样是欧洲建筑的开拓者，其建筑和建筑群的“形式美”，纪念性建筑的“象征性”，都达到了最为完美的程度。以致后来，古罗马人认为古希腊的建筑与雕塑已经十分完美，他们只需要继承，而无须更改。

古希腊最具代表性的建筑应属雅典卫城了。在希波战争后，雅典作为全希腊的盟主，在最高军事长官伯利克里的指挥下，雅典进行了大规模的建设。雅典的建设也进入了“伯利克里”黄金时代。

雅典卫城位于雅典中心偏南的一座石灰岩小山上，虽然并不高，但四面是峭壁，站在城市的每个角落都能眺望到它。帕提隆神庙、厄瑞克提翁神庙和胜利神庙，在起伏的山丘上，高低错落，因地制宜，相互协调，构成了完整的整体。建筑群总体由庙宇统帅全局，既照顾到远处观赏的外部形象，又照顾到内部各个位置的观赏。它依山就势，不刻意追求对称，建筑物相对独立，但显得自由灵活而富于变化。

雅典卫城作为希腊的盟主，突破了城邦国家间的地域局限，将流行于大希腊和小亚细亚的多立克艺术和爱奥尼艺术综合，形成了著名的多立克和爱奥尼两种柱式，既丰富了建筑的式样，又达到了和谐统一。这一建筑手法，更突出了雅典作为全希腊的政治、文化、经济中心的地位。

帕提隆神庙是供奉雅典娜的主神庙，它是多立克柱式建筑的典范。柱体比例匀称，风格高贵典雅，刚劲雄健，庄重而不笨重，帕提隆神庙的多立克柱式代表了当时建筑的最高成就。帕提隆神庙的雕刻也是最辉煌的杰作。东山花墙上安置雅典娜诞生的故事群雕；西山花墙上安置了海神波塞顿和雅典娜争夺对雅典保护权故事的群雕。群雕巧

雅典卫城帕提隆神庙

妙地安排在三角形的外框里。据称，这组雕塑是古希腊艺术大师菲狄亚斯的原作，造像不论是站是坐，都自然地顺合三角形构图。衣纹的酣畅流动，衣衫的飘逸韵律，肌肉丰满而富于弹性，躯体的呼吸与脉动，都使整体构图充满了勃勃生机，弥漫着力量的气息。石头的雕塑变成了活的灵魂。在古希腊的建筑中，建筑的“形式美”和雕塑的“形象美”有机地融为一体，相互映衬，相得益彰。所以后人称菲狄亚斯是“神的雕刻家”。

雅典作为全希腊的盟主，民主政体得以保护。在建设卫城的过程中，又驱逐了原来盘踞在卫城上的贵族寡头。为赞美雅典，使它成为全希腊最崇高的城邦；也为了感谢守护神雅典娜，使她成为最尊贵的诸神之神。工匠们以极大的热情，各尽其技，各显其能，以最快的速度建造了这座堪称世界建筑史的精品力作，为人类文化留下了宝贵的遗产。它的建成在建筑学史上占有重要地位，同时它显现的人文主义、民主思想、审美理想都对西方文化产生了深远的影响。建筑从来都不是孤立存在的，它凝固的是那个时代的精神和文化的积淀。古希腊文明不仅是欧洲文明的摇篮，它对世界都产生了巨大的影响。古希腊遗存下来的建筑遗址，在今天仍然闪烁着夺目的光焰。

# 第二节 哥特式建筑

从5世纪到15世纪，在欧洲被称为“中世纪”时期，封建诸侯之间频繁的战争，天主教对人民的压抑，神权势力对人们思想的长期禁锢，使生产力发展缓慢，经济停滞，社会黑暗，民不聊生，到处危机四伏。在僵硬的神学体系下，教会只批准可以修建为平民使用的教堂。最早为平民建造的教堂出现在12世纪，卡佩王朝统治下的法国北部伊尔·德·法兰西地区。它虽然脱胎于罗曼式建筑，但却创造了新的建筑构造形式，并由此引发了新的审美理念。

中世纪早期的教堂多为教会和国王修建，以罗曼式建筑为主。它厚重幽暗，充满了神秘感和一种敬畏的肃杀气息。总体强调稳定的水平性，色彩单一，结构也比较单薄。哥特式教堂的兴起，是由于教会允许平民修建属于自己的教堂，平民为此投入了极大的热情。平民代表着手工业者、商人以及处于萌芽时期的资产阶级，他们以新的价值观取代了旧的价值观，新的审美取向替代旧的审美观念，哥特式教堂的出现，就是这种新的审美追求的体现，它为最黑暗的中世纪抹上了一线光明。

哥特式建筑采用尖拱取代了圆拱，为了使尖拱达到刺破青天的升腾效果，因此尽可能将尖拱做得很高，来扩大内部的净空高度。哥特式教堂，追求升腾的垂直性，在不同的位置上都有大大小小的锥形尖塔，使整个建筑就像一座座塔林。在高耸的塔林之间，用十字拱连接，相互支撑，像多根小柱子捆在一起一样，既美观也加强了相互的支撑作用。墙上镶有大块的描绘圣经故事绘画的彩色玻璃，既使得外部有非常绚丽的视觉感受，又使教堂内部有良好的光照效果。在教堂内部比较狭小的平面上，人们仰望层层向上的尖顶，描绘有圣经故事的彩色玻璃，在阳光下闪烁着光怪离奇的光芒，人们的神情不由得紧张、肃静，一种寻求天国的升腾感油然而生。这种强烈的宗教意识给人以震撼与威慑，其目的是传达神的意志，再现天国的景象。

哥特建筑在创建初期，由于其怪异的造型和奇特的结构，引起人们的不满。16世纪意大利著名艺术家瓦萨里称它们是来自野蛮哥特人的艺术形式，怪异而丑陋，简直就是对艺术的一种挑衅和侮辱。但是这种建筑，冲破了沉闷的神权压抑，人的情绪得以释放。哥特式教堂建筑是为平民建造的教堂，它既得到了教会的批准，又得到了平民的认可，于是各地纷纷效仿，修建了这种带有塔尖的教堂。自此以后，在西方的任何一个地方都可以看到这种建筑，天主的意志无处不在。在不断的效仿建造中，其结构也不断地有所改变，但高高的尖塔却是这一建筑最为明显的特征。

巴黎圣母院就是早期的哥特式教堂，它始建于1163年，经历了182年才完成。它位于巴黎塞纳河的西岱岛上，

法国巴黎圣母院

是整个城市的核心，也是法国最高枢机教堂和法国国王加冕的教堂，拿破仑也曾在这里为自己加上了皇冠。无数的历史事件都以此为背景。雨果的同名小说《巴黎圣母院》更名声大震，世人皆晓。巴黎圣母院是哥特式建筑的一个经典代表，是世界级的文化遗产。巴黎圣母院实际上是一座天主教堂，只是因为雨果的小说，才称它为“巴黎圣母院”。

德国科隆大教堂是德国建造的举世闻名的又一哥特式建筑的杰作，它与意大利罗马的圣彼得大教堂和巴黎圣母院并称为欧洲三大教堂之一。法国建造哥特式教堂以后，德国也希望建造这样的教堂。德国当时仍然是封建割据严重的

德国科隆大教堂

国家，其文化和经济都抵不上法国。德国工匠们纷纷去法国，一边做工，一边现场观摩和学习，从而掌握了这项新技术和工艺形式。他们回到德国后，在1248年开始建造科隆大教堂。但是当时处在各自为政、封建割据下的日耳曼各个小国，根本无法完成这样浩大的工程，工程一拖就是600年，直到1871年“铁血宰相”俾斯麦统一了德国之后，下决心集中了全德国的力量，才于1880年完成了这座历史的丰碑。它同时也集中体现了法国和德国工匠们的辛劳和智慧。科隆大教堂位于美丽的莱茵河河畔，如雨后春笋般的尖塔，密密麻麻地耸立，基部饱满雄浑，尖峰俊俏有力，两座最高的塔尖达到157米，不可一世。尖塔林立，垂直的立面，不断地升高，造成了整体不可一世的升腾效果，象征着天国景象的无比崇高伟大。德国诗人海涅用诗句赞颂道：“看啊，那个庞大的家伙，显现在月光里，那是科隆大教堂，阴森森地高高耸起。”

# 第三节
# 文艺复兴建筑

在14世纪末，意大利威尼斯商人在香料贸易中获取暴利，资本主义萌芽由此诞生。新兴资产阶级开始崛起，他们不满欧洲中世纪的黑暗，反对压抑在人们头上的神权，主张人性，人的本能，人的力量，并且希望寻找回古希腊、古罗马时期的高度繁荣。意大利文艺复兴时期的著名思想家皮科·德拉·米朗多拉更是在《关于人的尊严的演说》中强调“人乃万物之本”。人的本能的发挥，是“人”追求真、善、美的动力。但丁、彼得拉克、薄伽丘这些文艺复兴的先驱，更是以“人文主义”作为理论基础，开展了代表新兴资产阶级要求的欧洲思想文化运动——文艺复兴运动。所谓“文艺复兴”就是要恢复古希腊、古罗马古典时代的高度繁荣局面。挣脱束缚精神的神权枷锁，解放思想，创造新的科学、新的技术，创造新的艺术形式，实现新文化的复兴与繁荣。“文艺复兴”是那个时代的最强音。

在文艺复兴的发祥地佛罗伦萨，在美帝奇家族经济上的支持下，诞生了文艺复兴时期的三杰：达·芬奇、米开朗琪罗和拉斐尔。他们不仅在绘画、雕塑领域上为人类创造了诸多杰出的作品，同时也都参与了当时许多建筑的设计，为人类留下了宝贵的财富。

文艺复兴时期的建筑，从理念上是要摆脱神权至上的束缚，彰显人性的解放，因此在建筑造型上排斥哥特建筑的尖顶特征，恢复古罗马时期的古典柱式、半圆形拱券、穹顶等形制。古罗马的柱式是古希腊、古罗马人文思想的表现形式，体现人的作用，它表现的不仅仅是柱式的形式美，更重要的是它内含的象征意义，因此，建筑师要通过对古典柱式比例的研究，来重塑理想中古典的社会秩序和人文精神。讲究秩序、比例，中规中矩，严谨的立面和平面构图，考究的柱式和穹顶则成了文艺复兴时期建筑所追求的目标。在佛罗伦萨保留的大量文艺复兴时期的建筑，并没有奢华的外表，但是规矩、严谨给人留下了深刻的印象。

美第奇官邸是美第奇家族的旧宅，在修建时，美第奇还没有被封为贵族，所以这个建筑实际上是名副其实的高等民宅，是佛罗伦萨最早的文艺复兴式的官邸。其建筑为方形平面，底层由粗糙的方形石块砌成，威严而坚固，像一个军事的城堡。第二层墙面变得平整，第三层墙面被灰泥完全抹平，墙上排列着圆拱窗，宽大的屋檐下，有形式优美的椽枋结构和牙形线脚。三层楼之间均用水平线加以分割。由下而上所表现的由粗重到细腻的平滑，产生了稳定坚固而又简洁轻快的视觉效果。它没有任何宗教的痕迹，显得平实无华，说明了崛起的富裕的平民也可以享受到像样的居所。它建造的本身，恰恰说明了代表新兴资产阶级的崛起和他们敢于对神权势力的反抗。文艺复兴建筑是欧洲建筑史上继哥特式建筑之后出现的又一种新的建筑风格。

美第奇官邸

# 第四节
# 巴洛克建筑与洛可可风格

经历了文艺复兴运动后的欧洲，社会的改革和社会文明的进步，思想的解放，科学技术的迅猛发展，使得资产阶级积累了大量的财富。全新的社会体系充满了务实、革新和崇尚科学的气氛。同时，竞争和扩张的野心也处处可见，对财富的拥有和炫耀，成了资产阶级追逐的目标。推翻一切旧事物，表现新型阶级意识的思想成为社会的主流。此时，欧洲已经挣脱了中世纪神权的枷锁，大踏步地迈进了新的时代。此时，在艺术领域迎来了巴洛克时代。

## 巴洛克建筑

巴洛克时代并不是一个确切的名字，但它是那个时代的代名词。“巴洛克”一词的本意是“不合常规”，特指各种外形有瑕疵的珍珠，泛指各种形形色色、不合常规、稀奇古怪、违反自然规律和古典艺术标准的艺术形式。这种离经叛道的行为在各种艺术领域蔓延开来，在音乐领域产生了巴洛克音乐，在绘画领域有巴洛克风格等。建筑是时代的产物，也是时代文化与精神的载体，因此建筑领域也不例外地掀起了一股巴洛克的热潮。

建造巴洛克建筑的目的就是要颠覆传统，标新立异，炫耀财富。资产阶级在获得财富之后，迫不及待地要在社会上获得应有的地位和话语权，建筑则是他们形象的代言，是地位被凝固后的象征，因此巴洛克建筑的华贵、堆砌、富丽堂皇、奢华繁缛、标新立异、追求新奇、不落俗套、无所不用其极的表现手法，就成了巴洛克建筑的外形特征。在混凝土和拱券技术成熟的情况下，大量使用各种柱式和拱券，但又常常打破常规，采用一些前所未有的建筑形象和表现手法，赋予建筑物以动感，看似不合理的组合，却创造出若隐若现的幻觉效果。它同时打破了建筑、绘画、雕塑的界限，使它们之间相互渗透，互为补充，使外部与内部同样具有丰富的视觉效果。这种效果正好符合了新兴阶级的猎奇、炫富、夸耀的心理状态。在这一时期，兴起的城市建设热潮，使得园林建设有了长足的发展。建筑与园林的协调，趋向自然，在环境中营造一种既庄严隆重，又不乏自由、轻松、欢快的气氛，使园林成为人们休闲娱乐的场所。总之，新技术、新材料的出现为建筑提供了技术和物质基础。极力弘扬人文精神，自我表现，大胆地颠覆旧传统，破旧立新，创造出独特的形象和手法，同时也注重了与自然环境的协调，创造出新的人文环境。因此，巴洛克建筑艺术在世界上留下了厚重的笔墨。但是它的形式过于荒诞诡异，追求感官的刺激和炫富心理，不符合常规的造型，重外观视觉艺术效果、轻建筑的实用功能，也预示着它昙花一现的结局。

如果追溯最早的巴洛克建筑，那么罗马的耶稣会教堂应该是其中的代表作品。

罗马耶稣会教堂

它是由文艺复兴晚期著名的建筑师和建筑理论家维尼奥拉于1568—1584年设计的。整个建筑看上去有似曾相识的感觉。他的正立面像是佛罗伦萨的新圣母教堂，上半部分模仿希腊神殿的山墙立面，并且在两侧添加了两对大涡卷作为纵向的过渡以加强稳定性。下部安排了整齐紧密的柯林斯柱，支撑门沿及窗沿的半圆柱，使得整个立面更加富有雕塑感，动感强烈。整体采用单一的白色大理石，显得更加庄严肃穆。带有强烈的雕塑意味的涡卷柱式则成为巴洛克建筑中不可缺少的装饰主题。而近似牌楼式的立面，也成为早期巴洛克建筑的普遍形式。

巴洛克式建筑在罗马产生，也在罗马走向成熟。由著名设计师波洛米尼设计的罗马四喷泉圣卡罗教堂，是晚期巴洛克教堂的代表作品。它的立面中间一间凸出，两边则凹进去，而且均用曲线，形成了一个波浪形的曲面，

罗马四喷泉圣卡罗教堂

给人以流动感。但是整个构图却很稳健。各层的柱头顶端有很宽的饰带，饰带上是秀巧的装饰性栏杆。顶层正中是一个椭圆形纹章，由两侧的天使雕像在下面托着。整个立面动感十足，对比强烈，充满了别出心裁的形式语言，并且将古典元素有机地融合其中。穹顶的分格小而且有多种形式，几何形式简单明了。小教堂没有窗户，穹顶中央天窗透射出一缕光线，增加了教堂的神秘感。

新兴阶层的崛起，同时也掀起了城市建设的热潮。城市广场中的喷泉、雕塑等公共设施如罗马城中的许愿池也成了施展巴洛克艺术的天地。其中巴洛克式广场最宏伟壮丽的典范，该属梵蒂冈的圣彼得大广场。

圣彼得大教堂前的广场是由著名设计师伯尼尼设计的，广场中心的方尖碑是教皇西斯廷五世于1585年将该碑从离圣彼得大教堂不远的原址移来的。它和教堂之间再用一个梯形广场连接。广场异常广阔，整个广场被284根15米高的巨型多立克石柱和88根柱墩支撑。广场开口的尽头处，建成希腊神殿式山墙立面样式。在靠近广场一面的栏杆状的檐口上，立有140座圣徒雕像。广场中央的方尖碑是从埃及运来的古罗马时期的遗物。整个广场全部被柱廊包围，面积宽广，气势宏大，似乎孕育着巨大的力量。

圣彼得大教堂

圣彼得大教堂广场

巴洛克艺术是新兴资产阶级走上社会舞台、彰显自身力量的一次集中表演。巴洛克艺术的贵族性恰恰是新兴阶级的自我表现。巴洛克艺术并未完全摆脱原有的基督教文化，它是在追溯与恢复古希腊、古罗马经典艺术的基础上，标新立异，颠覆传统，企图创造出更为精致、更为新奇的艺术品。它将人们的审美取向引向了更为开阔、更为广泛的天地。在变中发展，去开拓新局面，正是新兴阶级的诉求，也是施展他们才华的天地。

## 洛可可风格

洛可可实际上是在17世纪末至18世纪初在法国、意大利、德国、奥地利等地区流行的一种文化艺术潮流，它在文化艺术领域产生了一定的影响，一时间洛可可绘画、洛可可音乐纷纷涌现。洛可可艺术风格也被认为是后巴洛克艺术，是巴洛克艺术的晚期。这种艺术风格在建筑上，主要表现为建筑内部的装饰风格。

在17世纪末，法国的专制政体出现了危机，对外作战失利，经济衰退，宫廷生活糜烂。在英国资产阶级革命开始后，法国资产阶级也寻求政治权利。贵族为避世，而躲进了为自己营造的私宅，过着醉生梦死的生活。贵妇人在

洛可可装饰风格

巴黎纷纷举办“沙龙”，招揽贵族、文人、退役军官，在那里高谈阔论、娇柔献媚，以填补他们空虚的心灵。一种逍遥自在、崇尚空谈、美艳的潮流占领了文化艺术领域，这些贵妇人也成了新潮流的弄潮儿。在文艺界把这种充满淫乐的文化现象称为“洛可可”。

为了在“沙龙”等场合营造这种奢华享乐的氛围，在建筑装饰上，趋向更为极端的浪漫、曲线式的流动、不规则的雕饰等。“洛可可”一词源于法国，它是指卵石和贝壳形装饰的意思，多数是奇形贝壳形式的曲线型，其中也有用鸡冠花形作为装饰主题的。洛可可风格已经没有了巴洛克的庄严稳重，也不是力量和热情的表现，取代的是谐谑性的顽皮和游戏的欢快。总体上表现为综合利用繁复装饰的主题，进行一种美的视觉游戏。在建筑内部的装饰上，采用轻柔明快的色调和纤细雅致的装饰，拥有精致的外形，但细节又过于烦琐。经常采用弧线形和S形以及不对称形式的手法，用牵缠不断、盘曲勾连的图案，喜欢采用贝壳、漩涡、山石、卷草等题材，千变万化，富于想象。室内绘画主题减少了宗教性，取代的是田园风光、性感神话和嬉戏调情的场景。喜欢使用香艳柔嫩的粉红、玫瑰红、嫩绿、象牙白和绛紫色等轻佻的色调。特别注重家具的制造。路易十五的家具是洛可可家具的代名词，是经典的象征。在洛可可艺术时期，审美追求的是轻佻的色彩，繁复的细节刻画，充斥眼球的满足感。审美不是对深层次意境的追求，而只是为了从表层的视觉中获得快感。洛可可这种追求奢靡的艺术风格毕竟没能长久，奢华之后必然会被新的风格取代，历史就是在不断的批判中前进，新式的将取代旧有的，任何事物都终将回归到它本真的原点，繁华过后趋向平淡。

## 第五节
## 包豪斯建筑

早在公元前20年，奥古斯都的维特鲁威就写作了《建筑十书》，它奠定了欧洲建筑全面的科学体系，对欧洲建筑产生了巨大的影响。它在书中指出，建筑需要“适用、坚固、美观”，也就是人们说的“房子是用来住的”。

西方建筑在经历了罗曼式建筑、哥特式教堂、巴洛克建筑，以及奢华的洛可可建筑风格之后，人们从神权的束缚下解放了出来，摒弃了理想主义、浪漫主义、享乐主义，理性地回归到现实中来，回到了建筑本身应该具有的特征中来。虽然早在2000多年前《建筑十书》中就提到了“适用、坚固、美观”的观点，但是人们直到20世纪初，才开始付之于现实。在1919年的《包豪斯宣言》里中有这样一句：“一切创造活动的终极目标就是建筑。”

包豪斯是一种思潮，它并不是完整意义上的风格。所谓包豪斯风格实际上是现代主义风格的代名词。包豪斯建筑是现代主义建筑的源头，具有现代主义风格，其风格特点是简约、恒久。

瓦尔特·格罗皮乌斯是德国现代建筑师和建筑教育家，现代主义建筑的倡导人和奠基人之一。格罗皮乌斯在1925年，设计了包豪斯新校舍，它是一座多功能的中型公共建筑，从外形上看，是一个个的“方盒子”。它没有雕塑，没有柱廊，没有装饰性的花纹脚线，几乎把任何附加的装饰都排除在外，它把实用功能作为建筑的出发点，其目的是实现建筑物本身功能的最大化，房子为的是使用。按照现代建筑材料和结构特点，采用了钢筋混凝土做框架结构，一律采用平顶结构，充分采用玻璃幕墙，使室内具有明亮的光线。总体布局上，按照不同的功能，实现了各种变化，建筑结构简洁，而布局却富有变化。该建筑在造价成本十分低的情况下，有机地将实用功能、材料、结构和建筑艺术紧密结合起来，取得了经济、快捷、美观的实效。它的建设路线符合现代社会大规模房屋建设的需要。包豪斯建筑也就成了现代建筑史上的一座里程碑。历史上任何事物都是波浪式地发展，奢华过后趋向平淡。现代建筑的设计由理想主义走向现实主义，由浪漫风格回归到质朴的品格。理性的、科学的思想代替了艺术上的自我表现和浪漫色彩。形式服从功能，去雕饰、实用、唯美、极简、功能化、理性化成了现代建筑的核心理念。

格罗皮乌斯创办的包豪斯学校，其更大的意义在于，他将艺术与技术相结合，艺术和生产实践与社会生活相结合，在相互融合中，互相借鉴，互相启发，从而产生更为丰富的思想。它不仅仅是对建筑而言，对任何艺术与技术之间都会产生意想不到的效果。由于包豪斯新的学术思想和教学理念，使得当时立体主义、表现主义、超现实主义的抽象艺术云集包豪斯，那里成为新艺术思潮的据点。在抽象艺术的影响下，灵活多样的非对称构图出现了，更加讲究材料自身的质地和色彩搭配的效果，注重发挥结构本身的形式美，极简而唯美，极简而不简单。功能的最大化和人体学、环境学有机结合，包豪斯作为现代主义风格，对现代艺术思想和建筑都带来了深刻的影响。

格罗皮乌斯与勒·柯布西耶、密斯·凡·德罗、赖特并称为“现代建筑派或国际形式建筑派的主要代表”。勒·柯布西耶是20世纪最著名的建筑大师、现代主义建筑的主要倡导者，被称为“现代建筑的旗手”。由勒·柯布西耶设计的萨伏伊别墅是包豪斯建筑的经典作品之一。

勒·柯布西耶设计的萨伏伊别墅

梁思成先生于1948年在清华大学任教时，就采用了“包豪斯”的教育理念和教学资料，使“包豪斯”在中国开始传播。

建筑是时代的产物，也是文化的载体。各种建筑形式都反映了那个时代的特征。在20世纪，世界经济得到高速发展，物质丰富，社会繁荣。在20世纪70年代城市出现了无序发展，环境遭到破坏，能源危机等问题凸显出来，科学技术与文化的关系，生态环境和人类生存的关系问题，都引发了人们的思考。"后现代主义"在政治、经济、文化、艺术等方面都带来了新的思维和新的理念，就建筑而言，任何奇异诡谲、惊悚世人眼球的建筑，只不过是财富拥有者的炫富心理和建筑师自我标榜的表现，建筑除了实用功能之外，还是需要更多的人文关怀，人居与自然环境的和谐相处。因此，建筑与城市布局的合理，建筑与环境的和谐共生，都需要未来的建设者进行深深的思考，不论中国还是外国都是一样，因为人类是一个需要与自然环境和谐相处的命运共同体。

# 第六章

# 西方建筑的标志性元素

雕塑般的西方建筑，

气势磅礴，庄重肃穆。

柱式、拱券和穹顶，

是建筑的基本元素。

粗壮厚重的多立克柱，

那是男人坚强的装束。

沉稳端庄，带有卷涡的爱奥尼柱，

那是女人透出的慈爱与贤淑。

纤细华丽，佩戴花草头饰的科林斯柱，

那是少女青春活力的流露。

复合式柱形是完美的表述，

塔司干柱则庄严肃穆。

五种柱式构成了西方建筑的支柱。

拱券使建筑的空间有更宽的跨度，

穹顶为教堂安装了更大的穹庐。

西方建筑的标志性元素，

撑起了座座不朽的建筑。

## 第一节 柱式

西方建筑以石头作为建筑的主要材料。石料可以承受垂直方向的力量，因此垂直立面是西方建筑的主要表现手段。廊柱作为承受力量的主要承载体，就成为西方设计师主要研究的对象。

古希腊是一个追求完美的民族。早在石材开始使用之前，古希腊人就在木材的外表贴上彩绘的陶瓷片加以装饰。在石材成为建筑主要材料后，廊柱的设计变成了人们审美追求的一个重要目标。

古希腊的神话是古希腊艺术的土壤，人们借助神话的传说，想象征服自然、战胜邪恶的场景。人是可以战胜自然的，人是伟大的。古希腊神话深刻地反映了平民阶层的人本主义世界观，人的重要性，人是最根本的。与此同时，古希腊人认为：人体是最美的东西，向神坦露的躯体更证明自己的虔诚，所以裸露的人体是世界上最美的。在古希腊的哲学家、数学家眼里，人体的美是与数有关系的，几何形体只有符合人体的比例才能显示出真正的“形式美”。古希腊哲学家、数学家毕达哥拉斯认为“数为万物的本质”。哲学家柏拉图认为，可以用直尺和圆规画出来的简单的几何，是一切形的基本。哲学家亚里士多德说：“任何美的东西，无论是动物或任何其他的许多不同的部分所组成的东西，都不仅需要那些部分按照一定的方式安排，同时还必须有一定的度量；因为美是由度量和秩序所组成的。”古希腊人对于柱式的发现和探索，不仅仅是要表现外部特征的“形式美”，更重要的是对人性和人的力量的表现，它表现的是人。柱式包含着“人”的意蕴，它隐喻的“象征性”大于它本身的“形式美”，这也是为什么西方人在几百年的建筑实践中，不断地探索柱式美的内在原因。任何艺术内涵的意蕴越丰富，它的表现力才更强，反之，不论形式变化得多么新奇，其表现都显得苍白无力。古希腊人，正是在这种人文主义思想和哲学精神指导下，以人为标准，不断研究柱式的各种比例关系，使其达到完美。维特鲁威在《建筑十书》中指出：“建筑物——必须按照人体各部分的式样制定严格的比例。”毕达哥拉斯认为，人体的美也由和谐的数的原则统辖着。当客体的和谐同人体的和谐相契合时，人就会觉得这客体是美的。柱式中的度量关系，就是模仿人体的度量关系。任何一种技术的进步，都包含着深厚的理论指导。而古希腊的祖先在哲学、数学、科学方面，创造了众多的理论，这是同一时期其他地区不可比拟的，古希腊成为欧洲文明的摇篮也是水到渠成了。

## 爱奥尼式柱

爱奥尼式柱

公元前6世纪左右，在古希腊最开始有两种柱式流行。一种是流行于小亚细亚，经济比较先进的共和国城邦里的爱奥尼式柱。这种柱式是由那里的爱奥尼人发明的。

爱奥尼柱式比较秀丽华美，比例轻快，开间宽阔，维特鲁威认为它是模仿女人的。那象征女人头上卷发的卷涡，柱身上的裙纹，以及像穿了靴子一样的基座都具有鲜明的女人味。

## 多立克式柱

多立克式柱

另一种是意大利西西里一带寡头制城邦里的多立克式柱，因为那里居住着多立克人。这种柱式沉重、粗鲁、笨重，它反映着那里贵族们的情趣。这种粗笨的柱式逐渐被细巧的石柱替代。维特鲁威认为它是模仿男人的。它的柱身上布满了凹槽，凹槽间形成锐角，柱子直接竖立在阶座上，像光着脚的男人，柱头没有任何雕饰，倒像是男人用力撑起那横梁一样。多立克柱刚健雄伟，充满了力量；爱奥尼柱稳重素洁，端庄秀丽，反映出古希腊人对人的尊重，对人体美的欣赏，对人的气质的理解，对人的高尚品格的追求。多立克式柱又称为陶立克柱。

## 科林斯式柱

科林斯式柱

公元前5世纪，在古希腊的科林斯地区出现了一种新的柱形——科林斯式柱，它与爱奥尼柱并没有大的区别，只是柱头有了明显的变化。科林斯式柱的柱头是倒梯形，像一个倒钟的形状。倒钟里用忍冬草的叶子装饰，层层叠叠，显得繁茂，生机勃勃。柱身更为修长，其风格显得更为华丽富贵，充满了活力，具有很强的装饰性。忍冬草是希腊、意大利的一种特有植物，在草木凋零的严冬也生长得特别茁壮，浓郁而繁茂，象征着顽强的生命力，深受希腊、意大利人的喜爱。科林斯式柱更像是一位身材修长的少女，充满了青春的活力。所以有人用更为直白的语言形容这三种柱式：多立克式柱是男人柱；爱奥尼式柱是女人柱；科林斯式柱是女神柱。

从古希腊诞生这三种柱式之后，古罗马继承了古希腊的衣钵，但是在历史进程中不断加以改进，使其更加完美。这几种柱式都生机勃勃而不枯燥僵硬，下粗上细，下重上轻，下部质朴，上部华丽，有一种向上生长的态势。柱式结构体现了严谨的逻辑秩序，井然有条，形式完整，互相均衡。在装饰上很有节奏，精美而不堆砌烦琐。形制规矩，但不失灵活。以后随环境的变化也产生了部分变化，比如柱身的凹槽，多立克式柱逐渐改为没有凹槽的光滑表面，爱奥尼式柱有时也去掉了裙纹，柱头上的涡卷也随建筑的整体要求有大小的区分。但从整体上，以上三种柱式保持了它的基本形式，没有被任意改动。这充分说明了这种构件的一贯性，稳定性和严肃性。任何经典的艺术都是由于它深含意蕴的内涵和精湛的表现形式而流传于世，任何随意的改动都破坏了它的艺术魅力。

## 塔司干式柱

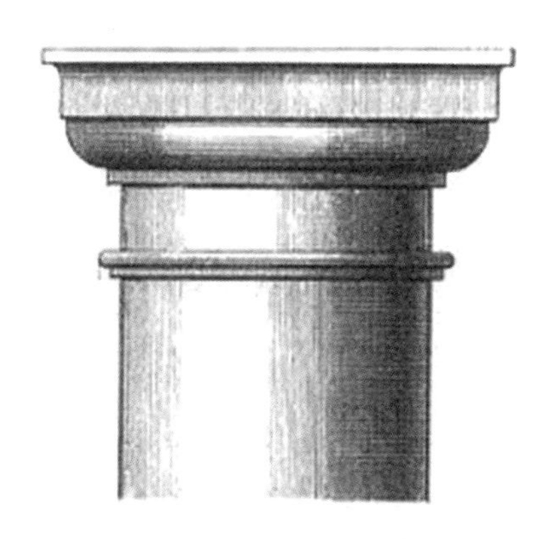

塔司干式柱

古罗马人在继承了古希腊人发明的三种柱式以后，又进一步发展了两种柱式。一种称为塔司干式柱，也被称为托斯卡纳式柱，它与多立克柱式基本相同，只是比多立克式柱矮一些，并且去掉了柱身上的凹槽，使得柱子变得更加粗壮有力，看上去更加简约朴素。

## 复合式柱

另外一种柱式为混合式柱，又称复合式柱，它是将爱奥尼式柱柱头上的涡卷加入了科林斯式柱上的茛莨叶，内容更为丰富。

复合式柱

柱式在古罗马时期已经成熟，它们被归纳为五种基本形式。古罗马五种柱式的剖面图，详细介绍了柱式的各个部位的名称、结构和它们的功能。从中不难看出古希腊、古罗马人不厌其烦地研究它们各

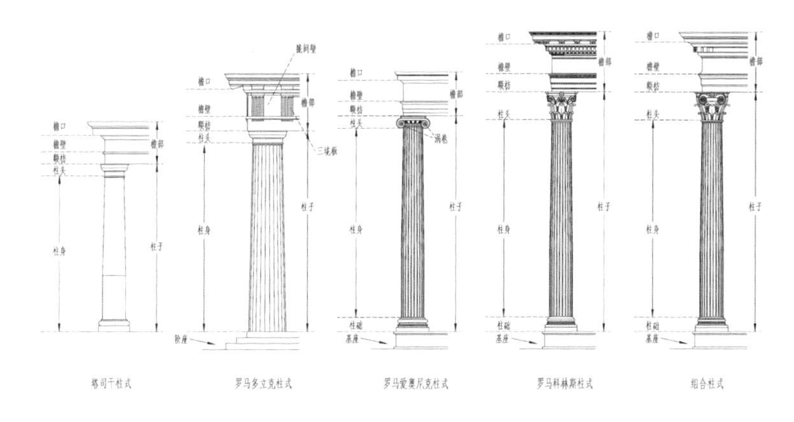


古罗马五柱式剖面图及构件说明 雷靛绘

部分之间的比例关系，只为一个目的，那就是追求完美，就是将人体美以这种柱子的形式表现出来，“形式美”体现的实际上是“人体美”。

# 第二节
# 拱券及混凝土

西方建筑是以石材为主要原料建造的，所以必须使用拱券代替横梁，以尽可能地减少立柱的使用，来扩大室内空间的面积。拱券是唯一可以解决承受横向压力的办法。继古希腊之后，在古罗马的城市建设中拱券被广泛使用，使建筑有了突破性的发展。古罗马人大量继承了古希腊的建筑遗产，但是这些遗产都经过拱券技术的改造，改变了建筑的形制、形式和风格。希腊柱式也在与拱券技术结合之后，扩充了它的表现手法，拓宽了它的适应性，从而增强了新的生命力。古罗马的拱券技术，为古罗马时期辉煌的建筑立下了不朽的功勋。

促进拱券技术的发展，是上天赐给了古罗马人良好的火山灰和古罗马人的聪明智慧。意大利有众多的白色火山灰，火山灰掺水后会发泡发热，再度凝固后就成了受力均匀的固体，它具有混凝土的特性。人们又在它们凝固之前，向里面加入碎石、砂砾等，倒入模具中，凝固后就成了各种建筑构件，利用混凝土远比在山上采石加工容易，也更便捷。人们把木板拼成弧形模板来加工各种拱券，混凝土干透以后，撤去木制模板和支架，拱券结构件就做成了。由于在混凝土中增加了不同的石料，也就增加了结构件的强度，同时减轻了劳动强度，大大提高了效率。

罗马人对拱券的运用，首先表现在凯旋门这种建筑形式上。凯旋门作为纪念性的建筑，其实用功能已经减弱到很小的程度，它强调的是具有纪念意义的象征性和欣赏礼仪的审美功能。凯旋门作为记录永恒不灭的历史丰碑，帝国时期的皇帝和将领争相建造，以此为荣耀。早期的凯旋门结构比较简单，只有单个券洞，后期的凯旋门形式趋向复杂，其中装饰成分大大增强，整体造型层次分明，纵深感和运动感都得到加强。公元315年在罗马城中建造的君士坦丁凯旋门就是其中的代表作品。它的体积大大超过了其他凯旋门，其威严雄伟的造型更显王者气派。它是当时罗马时期规模最大的一座，位于罗马斗兽场外，气势逼人。凯旋门立面上的装饰铺陈奢华，精美繁缛的浮雕无处不在，纹饰复杂而富于变化。凯旋门的顶端树立的全是立体的园雕像，威武而又生动。园拱的造型，既有直线与曲线，方与圆的交叉，又有实与空的对比穿插，强烈的对比，实现了现实与时空的转换，给人以心灵和视觉的变化感觉。凯旋门看似纯净的几何形式，表现的却是崇高的精神主题。凯旋门是对英雄的礼赞，是不朽的永恒纪念。君士坦丁凯旋门不仅是拱券技术的完美表现，更是对英雄纪念的丰碑。法国巴黎的凯旋门是在它之后模仿建造的。

罗马君士坦丁凯旋门

## 第三节
## 穹顶

穹顶在西方建筑中也是最常用的元素，可以说，没有穹顶就没有宗教建筑。穹顶从其演进的过程中表明，这种形式是专门用来承担最崇高的宗教性建筑功能的。早在古希腊迈锡尼时期，就有了穹顶这种形式，只不过因为那时技术水平还不成熟，解决不了大跨度的受力问题，因而穹

罗马万神殿穹顶内部

顶跨度很小。技术真正达到纯熟的运用还是在罗马时期。

罗马万神殿是这一风格最伟大的典范。万神殿的穹顶达到43.2米，是当时世界上最大的穹顶，其记录一直保持到工业革命之后。万神殿主体完全是用混凝土浇筑而成。其下部墙体的厚度达到6.2米。从穹顶的根部开始，墙体逐渐变薄，上面的墙体缩小到1.5米。而且，为了进一步减轻墙体的重量，随着墙体的升高，混凝土内添加的骨料成分也逐渐变轻，整个穹顶就像蛋壳一样轻盈。它经历了2000多年的考验，依然如泰山般地屹立在罗马的中心。在穹顶的中央有一个圆形的开孔，光线可以射入巨大的室内。过去建造教堂，设计师只专注外表的纪念性，他们用尖塔、廊柱和雕塑来装饰建筑的外表，但是内部则比较阴暗，即使通过彩色玻璃，有一些光照，但仍然是若隐若现。万神殿中央开的巨大的圆孔，不仅使阳光照射到庭内，增加了室内的亮度，而且信徒们抬头时，视线一下子集中到穹隆之中，一种升腾向上，灵魂出窍的感觉油然而生，仿佛要飞向那光怪离奇的天国世界。宗教的神秘感在视线集中于天庭中央圆孔的那一瞬间。室内的其他雕塑、神像都只是为了创造氛围而已。万神殿巨大穹顶的建造，解决了室内空间的光照问题，从此罗马建筑也开始强调室内装饰，努力营造室内空间的氛围，将建筑的外部与内部相互结合，创造出更为丰富的环境。建筑理念也从以雕塑为主的造型艺术中解放出来，建筑出现了各种形式的变化，技术也变得更为成熟。罗马建筑从此造就了欧洲建筑的辉煌。

在穹顶建造技术中，还应该提及的是佛罗伦萨圣母百花大教堂。它是佛罗伦萨的主教堂，其名称是因为对圣母玛利亚的无限崇拜，另外一个原因是因为它有绚丽多彩有如百花绽放的大理石外墙。

佛罗伦萨圣母百花大教堂

整个建筑群中最引人注目的部分是那个鲜艳赭红色的超比例的中央穹顶，它以压倒性的态势统领全局，远远望去那象征性的穹顶，永远铭刻的是佛罗伦萨——文艺复兴的发祥地。穹顶的基座呈八角形，平面直径达45米，基座以上是八面开有园窗的鼓座。当初设计者虽然奠定了庞大的鼓座，但是并不知道上面的穹顶如何去完成。在等待了多年之后，他们不得不向社会征集竞标方案，著名建筑师菲利普·伯鲁乃列斯基勇敢地站出来，接受了这一任务。他在原有的基础上，以一系列不断缩小的八边形环体叠合而成，而每个环体本身也是一种可以抵抗外张力的稳定结构，从而可以确保穹顶的坚实稳固。他的这种革新方案降低了施工难度，加快了进度。巨大的穹顶其实没有看上去那么沉重，这是因为它是由内外两层薄壳构成的，既减轻了重量又保证了强度。顶部外墙以纯白色雪花大理石为主要原料，再以黑、绿、粉红色条纹大理石砌成各式几何纹样格板，上面再添加精美的雕刻、马赛克和花窗，屋顶和穹顶用明艳热烈的赭红色陶瓦覆盖，总体外观异常华丽雍容，好像一个硕大无比的精描细刻的象牙首饰盒。

古罗马和拜占庭时期的穹顶，在外观上是半露半掩的，但是佛罗伦萨圣母百花大教堂却突破了传统，将穹顶放在鼓座上，像是半个球体扣在顶上一样，把穹顶全部突出出来。它有107米高，这在当时整个欧洲都是史无前例的，被认为是文艺复兴时期建筑的第一个作品，是文艺复兴时期独创精神的杰作，也是人文思想的又一次彰显。

混凝土的发明，使拱券的制造变得容易，大型穹顶扩大了建筑内部的空间，建筑的外部与内部更好地结合，建筑的雕塑性、纪念性向内部的装饰性转变，曲线的设计改变了以直线为主的形式语言，这些成就都大大地推进了欧洲建筑的发展。意大利在继承了古希腊的成就之后，把更为丰富的建筑形式展现在世人的面前，为西方建筑的发展做出了巨大的贡献。

# 第七章

# 走进西方建筑博物馆

建筑

为神的实现铺平了道路。

金字塔

闪耀着太阳的光芒，

雅典娜神庙

沐浴着神的雨露。

哥特教堂

放射着基督的光谱。

巴洛克建筑

是崇高理想的归宿，

洛可可风格

则将人的奢欲，

发展到无以复加的程度。

繁华过后趋向平淡，

物极

则向相反的方向过渡。

洗去铅华，回归理性，

建筑是为人的居住。

西方建筑博物馆，

是世界一座艺术的宝库。

## 第一节
## “神”的象征

黑格尔说过：“如果要寻找建筑的最初起源，我们可以把人居住的茅棚以及敬神的庙宇看作是源头。”他又说：“建筑艺术的基本类型就是象征艺术类型。建筑为神的实现铺平了道路。”“建筑的发展也是沿着象征型、古典型和浪漫型的线索进步的。”在西方早期的建筑中，主要是通过建筑来表达他们的宗教观念。用建筑来表达对神灵的崇敬，建筑也是他们精神寄托的场所，西方建筑注重表现的是其象征意义。

### 古埃及金字塔

古代的埃及人，建造了许多方尖碑，这些方尖碑的目的既不是为了居住，也不是神庙，它本身是独立的，高高的方尖石柱象征着太阳的光芒，它是古埃及崇拜太阳的纪念碑，是古埃及文明最富有特色的象征。

古埃及的法老，是至高无上的奴隶主，他们被看作是神的化身。他们为自己修建了巨大的金字塔式陵墓，金字塔也就成了神的化身，象征法老神圣的权力。

胡夫金字塔是古埃及最大的金字塔，它由10万工匠用了20年时间完成，在法国埃菲尔铁塔未建成之前，是当时世界上最高的建筑物。除了金字塔外，斯芬克斯狮身人面像是埃及的又一象征。在《俄狄浦斯王》戏剧中的“斯芬克斯之谜”尽人皆知：一种动物早晨四条腿，中午两条腿，晚上三条腿走路；腿最多的时候最无能。千百年来人们早已认同俄狄浦斯的回答，那是“人”。但是斯芬克斯之谜是否还有更深的象征呢？千百年人们仍然在猜测，这就是斯芬克斯神圣的魅力所在。

埃及的哈夫金字塔由金字塔和狮身人面像以及一系列的其他神庙组成。它们已经不是单体的雕塑，而变成了一个建筑群。在这里建筑群仍然是以它的象征意义存在，是对神灵的膜拜和法老灵魂不死的象征。这是在人们的意识还十分模糊的时候，为表达对神灵的敬畏和精神上的寄托，而不惜耗费“整个时代的整个民族的生命和劳动”，来建造令人“惊讶的离奇形状和庞大的体积”的建筑物，他们的目的只是为了使它象征他们所崇拜的神灵，依靠这些建筑物来表达他们对神的敬畏。

## 雅典的神庙

雅典是古希腊文明的中心，它是由奉行民主制度的古希腊人创建而成的，它集古希腊文明之大成，也是古希腊文明的杰出代表。古希腊的神话是希腊艺术的源泉，古希腊建筑也充满了对于神灵的敬畏。

古希腊在长期与波斯帝国的战争中，赢得了胜利，保全了民主制度的城邦国家。西亚的波斯帝国自公元前6世纪兴起以来，没有停止过向西的侵略扩张。公元前5世纪初，波斯人在征服了小亚细亚的希腊城邦之后，窥测希腊本土。公元前492年，波斯王派使节前往希腊索取“土和水”，希望通过威慑下令使其归顺。但是希腊人不但没有听命，而且将使节投入井中，让他在井中尽情使用“土和水”。波斯王大怒，兴兵讨伐，但是，他的军队在海上遭遇了大风暴，全军覆没。两年后，波斯王大流士派出另外一只远征军，在雅典西北面的马拉松登陆，雅典人由于诸城间不和，而只得孤军奋战。雅典人士气十分高涨，以方阵冲击敌人，将优势的敌军打败。长跑手菲狄浦底斯从战场飞奔到雅典报捷，终因劳累过度而死。十年后，约50万人的强大波斯军队，由波斯王薛西斯亲自率领，取道陆路卷土重来。希腊诸城帮精诚团结，斯巴达王统领混合部队阻击敌人，斯巴达300壮士奋力战斗，与关隘共存亡。波斯人破关后长驱直入，攻入并洗劫了雅典。但是雅典海军却在海上击退了波斯舰队，一举扭转了战局，波斯军队被迫退兵。十年后，10万波斯人被逐出欧洲，希腊免遭专制帝国的统治，保全了民主制度。雅典也成了希腊城邦的帮主。在一系列战争中，也诞生了无数的神话故事。波斯王薛西斯入侵雅典后，卫城遭到了洗劫，神庙被毁。雅典人认为是女神雅典娜为他们赢得了战争的胜利，雅典娜是他们城市的守护神，因此雅典的首席将军伯利克里任命雕塑家、建筑师共同设计建造雅典卫城，从而开启了希腊历史上规模空前的重建工程。其目的是将雅典建成希腊全境最为雄伟的城市，供奉最为尊贵的众神之神、雅典的守护神——雅典娜。神是那个时代人们祈盼的上苍，具有无比的力量，黑格尔说“建筑为神的实现铺平了道路”，因此，建筑是神的象征，神的伟大力量和不可战胜都隐喻在建筑的每一个细节中。

## 神圣的教堂

在欧洲“黑暗的中世纪”时期，教会唯一允许的是让平民建造教堂。教堂的兴起也只是为神的实现铺平了道路。罗马的万神殿是用来供奉罗马全体众神的圣殿。

代表拜占庭建筑风格的圣索菲亚大教堂，已不再是古典时期的众神神庙，它是取而代之的基督教教堂。在基督教被解禁，从地下转到地上以后，教堂纷纷涌现出来。圣索菲亚大教堂是一座代表拜占庭自身独有风格的集中式结构教堂，它空前巨大的体积，使人赞叹和折服。

梵蒂冈圣彼得大教堂，意大利文艺复兴时期最伟大的教堂建筑，在100年间，罗马最优秀的建筑大师都曾主持过大教堂的设计和施工。正值文艺复兴时期，经过人文主义思想熏陶的建筑师们，力求在建造中体现进步的文化思想。天主教会一直围绕在究竟是采用旧的拉丁十字方案，还是采用新的希腊十字形建筑方案上斗争，他们时时想以旧的方案来扼杀新生力量。在经历了20多年的停滞和反复斗争后，1574年米开朗琪罗受到教皇的信任，委托他可以按照自己的意愿对教堂做任何修改，任何人必须听从他的安排。米开朗琪罗以他巨大的声望和“要使古代希腊和罗马建筑黯然失色”的雄心着手工作。他用文艺复兴的人文思想做指导，以巨大的魄力和无畏的精神，完成了教堂的建设，并用四年的时间一个人独自完成了教堂内部的天顶壁画。他设计的建筑显示了一个雕刻家和爱国者的坚强意志，是被世人公认的传世杰作。

巴黎圣母院这座地位显赫的早期哥特式大教堂，因与法国著名文豪雨果的同名小说齐名，而名声大震。但是，该教堂是一座天主教堂，而不是一座修道院。它的名字称为圣母大教堂更为确切。该教堂建造持续了182年，最终它成为法国最高枢机教堂和法王加冕的教堂，在这个舞台上上演了无数重大历史事件。

科隆大教堂是整个中欧地区最重要的天主教堂。它始建于1248年，又经历了600多年才得以完成，是德国最伟大的宏伟壮观的哥特式建筑。

乌尔姆敏斯特大教堂是全世界最高的教堂。位于德国乌尔姆小镇的乌尔姆敏斯特大教堂，它的主塔的高度为161米，超过了科隆大教堂，成为全世界教堂高度的世界冠军。

全世界容纳人数最多的教堂是米兰大教堂，它可以容纳4万人，它的规模仅次于梵蒂冈圣彼得大教堂，它经历了五个世纪才完工，是世界五大教堂之一。米兰大教堂虽然没有大型的四角高塔，但是在各个方位的檐口、屋脊和扶垛顶端都耸立着纷繁的实心小塔，总共有145座。在通体白色大理石的外墙映衬下，就像是一个冰峰林立的冰川世界，圣洁而肃穆，使人流连忘返，不禁驻足称赞“伟大的主啊”。

在欧洲的各地，教堂都是城市中标志性建筑。欧洲的宗教也从古希腊、古罗马的多神崇拜转向一元信仰。基督教成为欧洲人生活中不可缺少的一部分。教会聚敛了大量的财富，因此教堂建筑往往由社会上最著名的艺术家、建筑师建造。这些建筑都代表了当时建筑设计和建造的最高水平。有的教堂建造过程往往经历了上百年甚至几百年，这其中固然有宗教势力与新兴力量之间的斗争，但是在建造过程中对工程要求严格，精益求精，这种工匠精神实在难能可贵。

这些宗教建筑不像是堆砌出来的，而更像是雕刻出来的。每一座建筑就是一座巨大的雕塑群。建筑呈现出来的雕塑感，更明确地表达了它的纪念性和象征性，形式美被雕塑美替代了。建筑过程中大量采用柱式、穹顶等结构，建筑本身也在向古典式转变。教堂在城市中无处不在，“做礼拜”是人们日常生活的一部分，教堂的庄严神圣使整个城市都沉浸在隆重的宗教气氛之中。在西方，不对宗教有基本的了解，就不可能了解建筑。相反，要了解建筑也就必须对宗教有一个基本的认识，因为西方古典建筑中，经典的作品大多数都是宗教题材。教堂是城市中心的主体建筑，也是城市的标志。这一点和中国完全不同，正如黑格尔曾经说过“建筑为神的实现铺平了道路”，但是在这条道路上，中西方却选择了不同的方向。

# 第二节
# 崇高的理想

欧洲在经历了最黑暗的中世纪时期后，赢来了文艺复兴运动，西方社会改革和文明进步的大势已经不可阻挡。在拨开了宗教的沉雾后，欧洲大踏步地进入了近代社会。全新的社会体制，崛起的资产阶级势力，科学和务实的气氛，四处攫取更多的财富，成为那个时代的主旋律。葡萄牙和西班牙发现新大陆，世界地理大发现，欧洲以外的广大地区，除了丝绸和香料以外，更有取之不尽的财宝。海外殖民的扩张野心，刺激着新兴资产阶级贪婪的眼球。与此同时，旧的教会为了维护自身的利益，对所谓的异端邪说加以镇压，一场以文艺复兴和宗教改革为主的新思想运动与旧的教会势力展开了激烈的斗争。但是旧势力气数已尽，以达尔文、孟德斯鸠、伏尔泰、卢梭和康德为代表的哲人，将社会关系和人生目标做了更为明确的解释。社会重新专注于完善人性的建设，新兴的资产阶级开始成为社会的主导。

## 新兴阶层的崛起

17—18世纪，在欧洲流行的巴洛克风格建筑，在总体上是宣誓性的。资产阶级迫不及待地要炫耀他们的财富，宣扬他们崇高的理想和希望攫取更多权力的野心。巴洛克建筑在早期主要是用来对王权的颂扬，后期则开始转向对于占有财富的新兴权贵阶层的赞誉。在建筑风格上摆脱了建筑的象征性，也开始抛弃了文艺复兴初期中规中矩的严肃古典主义风格，整体向浪漫形式发展。在表现手法上，采用曲线代替直线，采用拉伸变形和不拘常规的结构设计，标新立异，哗众取宠，以表现新奇的、华贵的视觉效果。总的目的是为了表现新兴资产阶级已经膨胀的心理状态。

法国古典主义的代表建筑是巴黎的卢浮宫。卢浮宫是法国国王在巴黎的中央宫殿，法国大革命推翻了王权之后，被改做了全世界最大最著名的艺术博物馆。卢浮宫的修建经历了几百年的时间，它不断地扩充，因此它本身包含了各个时期的不同风格。卢浮宫最早是法国国王菲利普·奥古斯特于12世纪末期，在塞纳河边修建的一座桥头堡，作为防御的工事。14世纪中期，法国国王卡尔五世将

法国卢浮宫

堡垒改建为带有方形庭院的宫殿。17世纪中期，国王路易十三将宫殿扩大了四倍。19世纪，拿破仑和路易·波拿巴在庭院的外围又添加了向西延伸的两翼，合围出另外一个庭院。卢浮宫历经改造和扩建，其中路易十三和路易十四修建的内廷则主要表现的是法国的古典主义风格。它的内廷呈方形，每个立面分为三层。其中底层是三角楣的方形门户、园拱和园拱窗。第二层排列着交替的带有圆拱形和三角形山墙式的方窗。第三层方窗的面积大为缩小。这种在立面上实现拱窗和方窗有节奏的变化，实现了均衡又具有变化的美感。在正中耸立的望楼，包含有希腊神庙式的山墙立面造型，有四组华美的双圆形壁柱支撑，提升了建筑整体的纪念碑性。于1670年建成的东外立面，两侧是双柱柱廊，柱子全部竖立在高高的基座上，增强了整体的崇高感。在路易十四将宫廷生活移居凡尔赛宫以后，卢浮宫转做它用，后来它以收藏世界众多的艺术珍品而享誉全球，成为世界最著名的艺术博物馆。

## 王权战胜神权

法国凡尔赛宫

法国凡尔赛宫是规模宏大，装潢奢华的著名的巴洛克式宫殿。它是法国国王路易十四在1661年—1710年间，动用了三万名劳工，花费了50多年的时间修建而成的。它占地面积111万平方米，大气磅礴，是西欧最大的，也最豪华的宫殿群落，也是巴洛克建筑的代表作品。路易十四被称作“太阳王”，这个建筑群落的主题就是表现“太阳王”的神圣和伟大。

建筑部分的主体呈现一个倒过来的“U”形，核心部分是国王起居的宫殿，外部则是大臣、武官们处理朝政的场所。周围还有许多附属建筑，形成了重重叠叠的视觉效果。据说，路易十四把大臣们都集中居住在王宫内，主要是可以随时监督他们的一举一动，防止他们有任何反叛行为。广场中央耸立着路易十四的青铜骑马雕像，它是整个宫殿的核心，也象征着君主的不可动摇的中心地位。庭院的地势向内廷逐渐升高，使人们走进宫殿时，必须采用仰视的姿态，象征着对君王的无限崇拜。主体建筑的正立面的宽度达到400多米，也是在水平层次上采用拱窗和方窗交替排列的方式，带有明显的法国古典主义风格。

凡尔赛宫的特征是占地面积十分宽阔，并且延伸了庞大的园林设施。整个建筑由大理石柱，宽台阶，雕像，壁画，天顶画加以装饰。远观外部庄严雄伟，而内部则富贵奢华，无所不用其极。其园林完全按照建筑的理念进行整体规划，对自然环境加以调整，以此来强化建筑的主导作用。以凡尔赛宫为中心的中轴线，一直延伸向园林。园林的道路笔直宽广，树木整齐划一，人工湖面水平如镜。空间布局均匀协调。园林中大量雕塑表现的是太阳神阿波罗的主题，隐喻“太阳王”的象征是不言而喻的。在这里，自然环境被人为地设计成艺术品，园林只是建筑的延伸而已。它包含的另外一层意义是，在专制统治下，任何人都必须按照国王的意志行事，而不得有违抗的行为。

在宫殿的内部更是尽其奢华之能事。地面上用彩色大理石地砖铺成整齐华丽的图案，墙上装饰以壁毯、油画、壁柱、浮雕，以及安置雕像的拱形壁龛。各种连接部分采用的都是金属饰件。绘画以神话和宗教题材为主，人物丰满性感。在画面中，也常常利用透视原理，在墙上描画出虚拟的空间和建筑，以造成视线上的错觉，虚幻出室内更大的空间。在这里，真实的物件和虚拟的空间感，给人一种“虚”“实”相生的虚幻境界。但是因为室内陈设太多，这种“虚幻”的境界并没有给人以空灵感，反倒造成了堆砌、华而不实的感觉。这也是巴洛克风格中炫富心理的极端表现，以至造成后来的“洛可可”风格的蔓延。

凡尔赛宫内镜厅

在凡尔赛宫内，“镜厅”无疑是最为奢侈的地方。它有73米长，10.5米宽，12.3米高，是一个长长的大厅。整个采光窗全部面向窗外宽阔的园林。大厅两侧各有十七个园拱窗，顶上绘制了金碧辉煌的壁画，在狭长的比例上营造出无限延伸的空间效果。内侧的拱窗全部贴满了镜面，几乎占据了整面长长的墙壁。在工业尚未成熟的年代，水银镜子的造价十分昂贵，这整面墙壁的镜子就是巨大财富的象征。镜厅内繁缛奢华的装饰，代表的是巴洛克晚期“洛可可”风格的诞生。在以后法国沙龙的兴起，洛可可装饰的流行，全部是那些王公贵族及夫人们，模仿凡尔赛宫的杰作，只不过他们的财力远远赶不上路易十四，规模也小了很多。

凡尔赛宫殿群的建设，它雄伟壮观的外部建筑，它奢华无比的内部装饰，它整齐的园林设计以及它的宫廷生活，钩心斗角的权力游戏和虚荣典雅的沙龙文化，都足足地吸引着整个欧洲人的眼球。从它那里流传出来的服饰、语言、礼节、消遣方式等各种时髦的文化形式都引来了人们的纷纷仿效。它的建筑风格、装潢格调、工艺品的设计也都成为主流文化的代表。凡尔赛宫自然成了欧洲巴洛克式宫殿建筑的经典样板，它同时也代表了路易十四的辉煌功勋和“太阳王”的伟大。

自那之后出现的追求时髦、奢华、繁缛的艺术形式被称为“洛可可”风格。“洛可可”风格从整体看是以愉悦取代了庄重，以柔媚取代了严肃，以曲线的流动取代了直线的规矩，以繁缛取代了质朴。在建筑中更关注室内装潢的奢靡和哗众取宠的艺术效果，目的是为显示新兴阶级的财富与虚荣，因为新兴阶层已经从幕后走向了前台，他们成了时代的宠儿。在热闹与喧哗之后，一种新的潮流在建筑领域涌动，它也预示着一场新革命的到来。

## 第三节 理性的回归

世界上的任何事情都是“否极泰来”，当它走到极端之后，必然转头向下，回归到它本来的面貌。建筑从古埃及的金字塔开始，建筑的象征意义是对神灵的敬畏。古希腊、古罗马用近乎雕塑的形式建造众神神庙，建筑变为象征的载体，它永远是纪念性的。在这些建筑物面前人们只是去瞻仰，寄托个人的愿望。

### 奢华而不实用

在巴洛克建筑时期，技术的进步，使得建筑具有更大的空间跨度，室内也比过去敞亮了许多，建筑进入了新的发展时期。但是权贵和新兴的资产阶级，在掠夺了财富之后，首先要表现的就是权力欲。权力、地位、金钱、财富、出人头地等等观念一股脑地强加在建筑的身上。拉伸的变形，夸张的扭曲，不合规则的变化，总之，一切可以颠覆旧传统，彰显新奇的手段都应用到建筑上。巴洛克建筑成了新时代奇异、繁复、张扬、炫富的代名词。巴洛克建筑的雕塑形象带给人的艺术美加强了，建筑变成了雕塑。巴洛克建筑表现的审美理念影响了整个时代。巴洛克音乐风格，巴洛克绘画风格，巴洛克雕塑风格，以及其他艺术形式都受到了很大的影响。巴洛克建筑为世界留下了众多的艺术精品，欧洲也成了西方建筑的博物馆。

但是，在赞誉巴洛克建筑的同时，也发现其中有一些不可思议的地方。仅以凡尔赛宫为例，这座巨大的宫殿建筑群，是路易十四和他的王公贵族居住和生活的地方。它看似是法王居住生活的地方，实际上也是政府的行政中心，它反映了当时法国王公贵族的生活全貌。按理说，那里边应有尽有，生活高贵而优雅。但是，居住在里面的人生活并不方便。整个宫廷内卫生设施匮乏，没有上下水管道，没有抽水马桶，也没有浴室。生活用水缺乏，连尊贵的王后每天也只有一小盆净水用来洗脸。没有厕所卫生间，连国王的大小便都要仆人们抬着马桶，用布遮挡起来才可以“方便”。房间里面没有取暖设备，很小的壁炉在冬天也很少使用，也根本起不到什么作用，冬天只能靠墙上的挂毯才能避挡一下外面的寒风。晚上在宴会大厅里用餐，要点上1000根蜡烛，才能照亮整个房间。当最后一道菜端上来的时候菜早已凉了。在宫廷里举办舞会时，贵妇人要“方便”时，只能躲在花园的草丛里就急。在当时，法国人根本没有洗澡的习惯，为了掩盖身体难闻的“体气”，只能使用大量的香水来遮盖。水源缺乏，中世纪的陋习，使人们依然保留着很多不卫生的习俗，其中戴假发是为了遮挡难看的头皮屑。而那些贵妇人，名媛淑女穿着用鲸骨支撑的广幅裙，大而无用，起坐都十分的不便，只有像模特一样天天站着。偌大的宫殿，室内虽然奢华无比，但是起居生活却并不舒适，虚荣心掩盖了生活的不便。建筑虚华的外表抛弃了建筑本身存在的目的。早在公元前，维特鲁威在《建筑十书》中就提出了一切建筑都应考虑“适用、坚固、美观”的观点。否则建筑的本质被丢掉了，换来的仅仅是浪漫的，雕塑般的外表。

## 理性的回归

在20世纪初，终于迎来了“包豪斯”思潮，这种思潮是理性的回归，是将建筑的本来目的拉回到最初的原点，“房子是为了住的”，而不是为了看的。祖先为了生存，一是要解决吃饭的问题，二则是要求得一个遮风挡雨的居所，建筑由此而诞生。

“包豪斯”是一种艺术设计理念，它强调各类艺术之间的交流融合，手工艺与机械生产相结合，强调自由创造，反对墨守成规，因袭模仿。在建筑中，则强调简洁实用，去掉一切繁缛的装饰，来实现功能的最大化。德国人瓦尔特·格罗皮乌斯在20世纪初，出任魏玛艺术与工艺学校校长后，即将该校与魏玛艺术学校合并，取名魏玛公立建筑学院，简称包豪斯。“包豪斯”的名称由此诞生。

格罗皮乌斯是现代主义建筑学派的倡导人和奠基人之一，他对魏玛公立建筑学院的建筑进行了一系列的改造，将新的建筑理念融入其中。在建筑方面，他首先强调实用功能是一切建筑的出发点。以往的建设在规划时，首先确定外观的设计，然后由外向内对各功能区进行安排。格罗皮乌斯则将功能设计倒过来，首先按照内部的功能要求分区，然后进行总体安排，最后进行外观的设计。格罗皮乌斯在进行学校校舍设计时，采用灵活的布局设计，有多条轴线，各部分大小、高低、形式和方向都不相同，具有多个出入口，方便了出行活动。他并不强调建筑正立面外墙的突出效果，而是以求达到建筑物的错落有致，富于变化的总体效果。他同时采用了钢筋混凝体的框架结构，双层窗户，使校舍宽敞明亮。包豪斯校舍没有雕刻，没有廊柱，也没有装饰性的花纹线脚，几乎去掉了一切不必要的装饰，以求获得使用面积的最大化，并创造一个适合工作、居住的环境。在建造过程中使用新技术、新材料、大型机械，使建筑效率提高，节约了成本，扩大了实用面积，从而适应了工业社会发展的需要。同传统的公共建筑相比，它更加朴素，然而却富于变化，也更节约。包豪斯的这种建筑风格从出现以来就引起了社会的极大关注。新派的艺术家和建筑师认为，包豪斯是进步的，甚至是革命的艺术潮流中心。虽然格罗皮乌斯当时受到德国右派势力的打压，但是他仍然在建筑中不断创新。20世纪30年代后，格罗皮乌斯已经成为世界上最著名的建筑师，他同时也被公认为现代建筑派的奠基者和领导人。他指出，“建筑是各种美感共同组合的实体”，但他坚决反对建筑上的复古主义，他说：“我们不能再无休止地一次次复古。建筑学必须前进，否则就要枯死。”他还说：“历史表明，美的观念随着思想和技术的进步而改变。谁要是说自己发现了‘永恒的美’，他就一定会模仿和停滞不前。”格罗皮乌斯设计的这种“方盒子”建筑，开创了建筑的新篇章，同时也将建筑恢复到其本来的面目。“房子是为了住的”“适用、坚固、美观”是一切建筑的出发点。

# 第八章

# 中西方建筑园林之比较

人类几千年的文明史，

与建筑休戚相关。

中西方建筑在历史的长河中，

铸就了辉煌。

中国古代的木结构，

轻盈、便捷、灵活，色彩斑斓。

园囿的谐趣成了人们追求的期盼。

木文化蕴含着秀美的灵气，代代相传。

西方的石结构，

稳重、高大、坚固，雕塑般的庄严。

园林的整肃，图案的雕琢，艺术品般的美艳。

石文化彰显的是壮美的恢宏，人的伟岸。

新技术的涌现，

建筑理念的交融，

相互借鉴，互为补充，

才能更显现特色与辉煌。

## 第一节
## 木结构与石建筑

中国与西方建筑的区别首先在于建筑材料的不同，并由此而产生了不同的形式特征，但是不论使用什么样的材料，中西方都在建筑园林建设中，创造了辉煌的成就，在世界建筑史上留下了宝贵的财富。

### 中西方建筑使用不同的材质

中国以木材作为建筑的主要原料，这是因为它取材容易。中国气候温和，潮湿，植被覆盖率高，取材方便，木材砍伐也比较容易。同时，用木材建造房屋，适应性比较强，不论是平原，还是山坡，只需要修整一块平地就可以方便地盖房子。使用木材盖房的施工速度比较快，便于修缮和搬迁，还具有较强的抗震能力。同时中国的祖先认为宇宙是由金、木、水、火、土五行构成的，五行之间相生、相克，相互作用。在五行中只有木和土比较易于取得，适合盖房子，所以我们祖先采用了木质材料作为建筑的主要材料。木材可以方便地构成房屋的框架，作为房屋的主要承重材质。

中国古代同时以砖瓦作为建筑的辅助材料。我们的祖先，早在最初建造房屋时，就使用火来烤涂在墙上的湿泥，烤干以后，墙壁不但坚固，而且可以防风挡雨，防止野兽的侵袭。在秦代利用陶器的制造技术发明了砖，用砖作为木结构框架中间的填充材料。在汉代又发明了瓦，并用彩陶的制作技术，制造出黄色、绿色的琉璃瓦。它不仅防水，同时使屋顶的颜色更加鲜艳。人们利用“秦砖汉瓦”作为建筑的填充辅料，从而加快了房屋的建造。虽然木材的长度有限，但是木材可以承受横向的压力，所以中国古代的木结构房屋是横向发展。中国古代由于采用了木结构技术，可以灵活地建造各种形式的院落和房屋，房屋种类呈现出多样性的特点。中国单体建筑虽然不如西方建筑庞大，但是布局灵活，功能明确，使用方便。紫禁城内有很多院落，而且每个院落都有水井、下水道、厕所（称为官房），生活设施齐全。西方建筑总体规模庞大，但是由于石料构造的原因，使它不能灵活地建造各种方便实用的小型建筑。所以饮食起居、工作生活都集中在一起，人满为患，生活用水十分困难。

木材的长度限制了建造房屋的高度，所以总体而言，中国古代建筑的高度都不是很高，但是建造速度却很快。明成祖朱棣在永乐四年（1406年）开始筹建北京宫殿城池，永乐十九年（1421年）正月建成，历时15年，就完成了北京城的建设。

西方利用石材作为建筑的主要材料。古埃及、古希腊都有大量的石山，那里的石材体量巨大。他们很早就掌握了对石材的处理技术，石材在他们的手上运用得得心应手，因此，西方人最早就用石头来雕塑神像，建造金字塔、神庙，并用石材建造房屋。西方建筑向空中发展，所以高度比中国要高，而且多为单体的集中式结构，但是建造时间相当长。

## 中西方建筑具有不同的色彩

中国古代建筑色彩十分鲜艳。中国古代建筑使用木材，但木材容易腐烂，不能长期使用，为了增加木材的使用寿命，他们在木材的外面裹上了泥灰的涂层，并涂上了彩色的油漆，在柱子和门楣上绘制了精美的图案，使得建筑物外表十分鲜艳华丽。在北方和南方房屋的色彩装饰均不相同，使得建筑与周围的环境相互契合，相得益彰。中国古代建筑处处都是环境中的一景，它早已与自然融为一体。中国古代宫殿也根据不同的等级盖上金黄色或者绿色的琉璃瓦，在万里晴空下更为耀眼。

西方的建筑一般是素洁的，如同雕塑一般。西方使用石材，建筑物的凝重、庄严都表现在它那素洁的躯体里，所以西方建筑除了有的建筑的顶部涂上金黄色、绿色、蓝色外等，它的建筑物外立面一般是不施色彩的。

## 中西方建筑具有不同的审美追求

中国古代建筑注重结构美、形式美。在注重居住的舒适、方便、实用的同时，古代人利用“斗拱”的结构，将屋顶抬高，将屋檐向上向外挑，而且斗拱的层级越多，屋顶的挑梁就越高越大，这种中国特有的“飞檐斗拱”“钩心斗角”撑起了一个巨大的屋顶，远远望去，像鸟一样展翅飞翔。《诗经》中“作庙翼翼”的描述，说明早在几千年前，中国古人就已经成熟地运用了“斗拱”的技术，将整个宫殿、房屋建造得像一只只飞鸟一样，一目了然，十分显眼。房屋屋顶的组合千变万化，使建筑的形式美十分明显、突出。中国古代建筑上的每一个构件都有它的实际功能，例如屋顶正脊两端的鸱尾，高高翘起的鱼尾，张大的口含着屋脊，这种称为吻兽的构件非常漂亮，但是它的作用是为了固定正脊的两端，具有明确的功能定位。屋檐顶端的蹲兽也有它的实际功能，因为在屋檐与梁枋之间会用钉子或木楔加固，进一步起到防风的作用，为了不使钉钉子的地方渗水，就在它的上方罩一个蹲兽来防止渗水，因此蹲兽不仅增加了屋檐的动感，也起到了防水的作用。

西方人将纯熟的雕塑技艺运用到建筑中。在建筑立面山墙内的装饰是纯粹的雕塑品，它没有任何实际功能。西方建筑物体量高大壮观，一栋建筑物就如同一件巨大的雕塑艺术品。漫步在欧洲的街道，仿佛走进了古典雕塑博物馆。在漫长的历史进程中，不论西方是在神权统治下，还是在文艺复兴时期，追求崇高一直是他们的审美理想，雕塑美正是这种审美理想的显现。

## 中西方园林具有不同的情调

中国古代园林是情感的产物，不论是皇家园林、私家园林还是寺观园林，建筑都是隐逸在自然的山水间，生动活泼，有滋有味，有情有义，它是园林中的点缀，园中的景点。在这里，自然环境与人文景观巧妙地结合，将环境小心地加以改造，创造出一种景在画中、人在景中、天衣无缝、宛若天成的画境。园林变成了情感的产物，散发的是人类期许的自然美。

西方园林则是理性的产物。园林中的道路笔直宽阔，花草林木修剪得整齐划一。按照设计布局的雕塑、喷泉，准确地坐落在指定的位置上；规划的水道、池塘被修整得一丝不苟，水岸线把水面绘制成一个个不同的几何形状。西方园林的布局是设计出来的，它是建筑师手中的设计图，西方园林被创作成一幅理想的风景画，体现的是一种艺术美。

## 中西方园林具有不同的意境

中国古代园林是意境的创成。也许是中国古人在封建礼教和伦理道德观念的压抑下，精神得不到释放，唯有在自然的山水间寻求一片自由的天地。但是孤寂的山林又过于荒芜萧疏，只有园林才是他们追求恬淡安逸的理想环境。那里的景物与建筑，那里的舒适惬意，那里的人文气息，都和他们的心境一脉相通。在面对如诗如画的景致，吟诵着情意深远的诗文时，人们内心的积郁得以释放，那种超然的情怀是他们希望寻求的境界之美。

西方园林是理想的再现。古希腊人的城邦制，使人们较早地具有了民主意识。人性关爱，自由民主，争取人的权利是西方的一种普世观念。在文艺复兴运动以后，科学技术的飞速进步，社会生产力的迅猛发展，财富的不断积累，使新兴的资产阶级的个人欲望不断放大。人改造社会、改造自然的观念成为社会的共识，所以他们把园林的建设当成是人类理想的再现，是自然服从人理想的体现。

# 第二节
# 中外建筑的传统与变革

中国古代建筑园林是中国的小农业经济、封建集权制度以及伦理道德思想的产物。它是封建思想文化的组成部分。建筑园林作为文化的形态之一，必然受到了其他文化形态的影响，同时也会影响其他的文化形态。正是在这种固化的政治、经济、思想文化体制下，中国古代建筑几千年来一直保持不变，延续着它昔日创建的辉煌。

## 中国古代建筑的传统不变

中国古代建筑始终保持其特有传统的原因，首先是木材的制造技术比较成熟。早在2500多年前，古代著名的工匠鲁班就发明了木工工具，例如钻、刨子、铲子、曲尺、划线用的墨斗等，这些工具至今仍然在利用。在房屋建造中采用“斗拱”这种专用的木制组件，使木料加工技术变得十分成熟。“斗”和“弓”是两种不同的木模块，在建造中组合成一个标准件，只要批量生产这种“斗”和

“弓”模块，然后就组装成一个“斗拱”组件，将若干个“斗拱组件”相互层叠起来，就可以方便地支撑起巨大的屋顶，这项技术在古代通过口传心授，代代相传变得相当成熟。中国古代建筑一直继承着这种传统制作方法，在成熟的技术上不断重复，它虽然会有一些变动，但是在房屋结构上没有新的突破，所以几千年来，中国古代建筑的结构形式没有变化。这种固化的结构，使得传统建造技术得以延续。

## 中国古代的政体一直未变

中国古代建筑始终保持传统风格的另一个重要原因是政治体制未变，封建体制延续了几千年。

自秦始皇统一中国，建立了第一个中央集权制的国家以后，就开始建设宫阙城池，以确立皇权至上、大一统的国家体制。宫城建筑是权力的象征，也是政权体制的需要。

早在先秦时期《周礼·考工记》对城池的建设就有明确的记载：“匠人营国，方九里，旁三门。国中九经九纬，经涂九轨。左祖右社，面朝后市。市朝一夫。”它说建筑师营建都城时，城市平面呈正方形，边长九里，每面各大小三个城门。城内有九纵九横的十八条大街道。街道的宽度能同时行驶九辆马车。王宫的左（东）边是宗庙，右（西）边是社稷。宫殿前面是群臣朝拜的地方，后面是市场。市场和朝拜处各有百步的距离（边长一百步的正方形）。先秦时期的城市建设规制正好符合封建大一统的统治需要，因此它成了中国古代建设的祖制。

自秦代建立以来，就在咸阳建立规模巨大的都城，以宫殿象征天上的紫宫，以贯城而过的渭河为天上的河汉，咸阳城内的宗庙，社稷坛等象征群星围绕。阿房宫更是连绵几百里，宫阙林立，灿烂辉煌，显示了在炎黄大地上，开天辟地的始皇的权力与威严。

汉代朝廷的正宫未央宫，位于汉长安城地势最高的西南角龙首原上，它本身就是在秦代原有的章台上扩建的，因为位于长安的城西，又称为西宫。它仍然依据秦国宫城的形制，修建了中国古代规模最大的宫殿建筑群之一，其建筑形制深刻影响了后世宫城建筑，奠定了中国两千余年宫城建筑的基本格局。

隋朝以《周易》的乾坤理论为指导建造了大兴城，唐代的大明宫则是在此基础上扩建的。长安城东建立的一座规模宏大、格局完整的建筑群，是当时世界上最大的都城，也被称为“中国宫殿建筑的巅峰之作”。秦、汉、唐的宫城建设，不仅宫阙的建筑形态没有变化，而宫城为以城墙围成的四面封闭形式，城内以中轴线为主，一正两厢，众星捧月的城市格局，以及园林建造中的“一池三山”模式也没有变化。

元代的都城大都即今日的北京城的前身，大都的总体规划则继承发展了唐宋以来的皇城、内城、外城三套城模式，宫城居中，中轴对称的布局，以及“前朝后市，左祖右社”的古制，还有御苑中的太液池，也保持了“一池三山”的传统。

明朝燕王朱棣选定北京为都城，都城依然是在元大都的基础上，只是在修建中，根据风水师的意见，将城市中心南移，重新修建。其皇家园林中的西苑为元代太液池的旧址，在经过改造以后，向南开拓水面，太液池变成了北海、中海、南海的格局。原一池三岛中的三岛只剩下琼华岛仍然屹立在水中。至此，在园林中的“一池三山”模式逐步淡化，今日高耸在琼华岛上的白塔，依然是人们心中最圣洁的神山。

清王朝入关定都北京之初，几乎全部沿用明代的宫殿、坛庙和苑林。宫城和坛庙的建设及规划格局基本上保持了明代的原貌，只是以后根据实际需要增加了一些宫阙等建筑。康熙、乾隆时期，则修建了北京西山区的“三山五园”和承德避暑山庄等皇家御苑。这说明中国古代建筑的发展是传承有序的，后朝往往在前朝宫阙的基础上重建，或者直接继承或做部分扩充修建。而城市布局却始终秉承“以中轴线为中心，一正两厢”“前朝后庭”“左祖右社”的祖制。“一池三山”的园林模式以及《易经》中的“左青龙，右白虎，上朱雀，下玄武”等观念。

在封建专制的统治下，对应的等级制度也没有变化。中国古代建筑主要通过屋顶来反映皇权等级的高低。庑殿顶、歇山顶、攒尖顶、卷棚顶、悬山顶和硬山顶这六种形式的屋顶，在几千年的封建社会里，宫殿的屋顶的构造始终没有变化，它作为一种等级制度的象征，一种传统被代代保留了下来。

## 中国古代的思想体系未变

中国古代建筑始终保持特有风格的另外一个重要原因是，中国几千年封建社会的思想体系没有变化。孔孟之道一直是中国文化的核心思想，它深刻地影响了中国社会，在汉民族的文化中代代相传。中国古代民居以家庭群居为特征，在老幼尊卑、君臣父子的等级观念下，以对外封闭，对内开放的四合院，大院的形式延续。这种形式与皇城的整体布局相契合，也是儒家伦理道德思想的体现。

中国古代虽然多次受到外族的侵略，但是这种思想体系不但没有被打破，最终外族的思想反而被汉族文化“同化”了。在公元1000年左右，成吉思汗统一了蒙古族，北方游牧民族建立起了欧亚大帝国，靖康之耻，金灭宋建立了元朝。金兵入侵中原，烧毁了宋的宫城和宋徽宗花费几十年修建的“艮岳”。元朝的统治者企图毁灭中国，但是落后的文化，终究取代不了先进的中原文化，元大都的建设仍然依靠汉族大臣刘秉忠，按照汉族传统的古制进行设计，元朝最终在中国也只统治了80多年就灭亡了。清朝虽然也是北方游牧民族取得了对中国的统治，但是清朝的统治者认识到他们必须学习中原文化，必须融入先进的文化中，因此，儒家思想也成为社会的正统思想，儒、释、道思想相互杂糅，共同维护封建的统治。因此，清入关之后，没有毁灭北京城，而是全盘接受，全面继承了明朝的宫城建筑，并未做很大的改动。

## 中国相对封闭的地理环境未变

中国所处的地理环境，也使中国古代的发展受外界影响较小，使其建筑传统得以保留。中国西部有喜马拉雅山的阻挡，东面有大海的阻隔，北面修建了万里长城，对世界而言，中国处在一个相对封闭的地理环境里。西方世界虽然发生过几次重大的变化，但是对中国都没有造成大的影响。特别是西方文艺复兴运动之后，中国对西方这种重大的变化全然不知，仍然盲目自大，以天朝大国自居。

## 中国古代建筑的变化

中国古代建筑始终保持传统，总体上没有大的变化，但是在不变中也包含了变的因素。中国古代建筑中的屋顶是权力等级的象征，不可任意僭越。但是古代工匠在这种森严的等级面前，仍然发挥了他们的聪明才智，创造了新的形式。比如，他们将不同的屋顶结构进行组合，使屋顶形成了多种变化，创造了多元的形式美。其中如故宫角楼的四面歇山顶结构，成为这种多元变化的经典作品。

在不变的中国古代建筑中，亭子则是变化最多的一种建筑。亭子建造的起因本来就是为了方便人的休息、娱乐的，是属于小型建筑。封建等级的建筑规制对它的限制较少，也不受儒家伦理道德思想的束缚，因而对工匠们的思想束缚较小，使他们有了施展才华的空间。小小的一个亭子，几根柱子，撑起一个屋顶，结构如此的简单，却创造了千姿百态的形式。人们在挣脱了封建皇权思想的禁锢，思想获得解放后，焕发出无穷的智慧，创造出新的奇迹。

## 完美的石柱与混凝土的发明

石材作为西方古典建筑的材料虽然始终没有变化，但是在石材的使用中，他们却不断地发明新技术。

希腊石柱是西方古典建筑的经典。柱式是古希腊为建筑史上做出的最重要、最杰出的贡献，也是西方古典建筑中最重要的元素。古希腊人崇尚人体美，在对人体的不断研究中，确定了柱式各部分的比例，使其达到完美的程度。在建筑中柱式来代表人体的形象，并最早就确立了三大柱式，它包括多立克柱式，爱奥尼柱式和科林斯柱式。其中多立克柱，又称为陶立克柱或者多利安柱，它是男人的象征，柱粗头扁，稳固凝重，充满了力量。爱奥尼柱式是女人的象征，柱子偏细，柱身上布满了裙纹，卷涡式的柱头，安详沉稳，充满了慈爱。科（柯）林斯柱则是少女的象征，柱式纤细，裙纹，忍冬草的头饰，修长华丽，充满了青春的活力。

在古希腊衰落之后，古罗马人将古希腊文明及其文化符号全盘接受，并发扬光大。古罗马人在继承了古希腊的三种柱式后，又创造了“复合式”柱式，以及近似于多立克柱式的塔司干柱式。至此古典柱式发展成了五种，后人也统称为“罗马柱式”。至此，石柱成为西方古典建筑的支柱。

作为西方古典建筑中另外一个重要元素就是拱券。拱券的构建得益于西方人对混凝土的发明。古罗马人在这种天然廉价的混凝土中添加沙、石子等辅料，用来制作拱券，从而解决了石材不能承受横向压力，致使房屋空间狭小的难题。混凝土的发明是西方建筑史上的一大突破，而拱券的建造，则为西方建筑的发展奠定了坚实的基础。西方人在不断的研究和创造中，将柱式和拱券作为了西方古典建筑的两大重要元素，穹顶则是拱券技术的代表作。

## 冲破神权的反叛

古希腊的城邦制，使那里的人民较早地具有了人文意识和民主思想，因而创造了丰富的西方古典哲学、科学、文化艺术。这些思想深刻地影响了西方世界的发展。

但是在12世纪，欧洲长期的封建割据，一直未形成封建统一的中央集权制国家。整个欧洲处在最黑暗的“中世纪”时期，神权高于一切，思想被压抑，生产力发展缓慢，社会黑暗，人们极度贫穷。

过去的罗曼式教堂既小又十分阴森，充满了宗教的神秘色彩，给人以压抑的感觉。当城市手工业者和平民得到教会的允许可以建造属于自己的教堂时，那种从压迫中获得解放的心情，像火山一样喷薄出来。活跃的思想激发了他们的创造力，市民们以极大的热情，参与了教堂的建造。那垂直高耸、纤细消瘦、高高的塔尖直指云端，代表了获得相对自由的人们的爆发力。这种具有全新特征的教堂建筑，整体充满了崇高、神秘、庄严的强烈情感，使人肃然起敬。这种建筑后来被称为哥特式教堂，这是西方建筑史上冲破传统的一次反叛，是颠覆性的一次革命。市民将教堂作为城市的公共设施来建设，教堂不再只是属于教会的建筑，它与城市的市场、大会堂和剧场共同组成了城市的活动中心。虽然，当时人们并不完全看好这样奇形怪状的建筑，称它为像哥特人一样野蛮的建筑，但是这并没有阻止人们纷纷效仿的热情，人们通过这种建筑来表达他们冲破神权思想的决心。在此后的若干年，各地不断建造起这种哥特式教堂，哥特式教堂建筑成了那个时代的标志。

## 文艺复兴运动的革命

大约在14世纪以后，欧洲的经济逐步得到了发展，人们的思想活跃，最早的意大利人文主义者，认为在天主教统治下，最黑暗的中世纪淹没了古希腊、古罗马的繁荣，呼吁打破神权的压迫，恢复“古典文明”，从此开始了文艺复兴运动。文艺复兴运动就是要恢复古希腊、古罗马时期最繁荣的文明，也就是恢复“古典”。在新兴富裕起来的阶层中，思想的解放，展现出新的活力。文艺复兴运动是西方在思想、文化、科学技术领域内的一场深刻的革命运动，它促使社会的各个领域都发生了巨大的变革。这一时期出现了一些新型的建筑，人们称它们为“文艺复兴”式建筑。这些建筑最早出现在文艺复兴的发祥地——佛罗伦萨。

美第奇家族以巨大的财力支持了文艺复兴运动的“三杰”达·芬奇、米开朗琪罗和拉斐尔进行文艺的创新，他们是文艺复兴运动的重要推手。在佛罗伦萨城中，到处是这种规整的建筑。巨大、宽阔而又厚重的橡木大门，本身使人肃然起敬。大块的石料基石，使建筑显得厚重而庄严。比例协调而优美的拱券和窗户式样的变化，演绎出富于音乐性和几何特征的美感，它强调整齐、规矩、中正、严谨、比例、均衡，同时又通过柱式、拱窗、楼层的分界线等元素，构成整体建筑的几何特征以及曲线的变化，使建筑富有一种音乐感。它规整而富有变化，形态方正却不乏动感。而美第奇家族的官邸也成了最典型的文艺复兴式建筑。这是文艺复兴时期兴起的一种新的建筑形式，是建筑从代表宗教象征意义的神庙、教堂中走出来，向着居住功能化的转变，体现了文艺复兴式建筑的人文特征。

随着文艺复兴运动的蓬勃兴起，人们的思想获得解放，科学技术得到迅猛的发展，文艺创作的热情不断高涨，新思想、新作品层出不穷。在经济发展中，获得财富的新兴阶层仍然不满当时建筑的现状，认为建筑形式依然过于沉闷，过于规矩，于是开始了一场新的变革。一种在建筑形式上，采用拉伸变形和不规则性的反传统手法，使建筑物展现了一种自由奔放和富于动感的活力。通过强烈鲜明的色彩和充满想象力的形式，使建筑更具生命力。变化中的曲线和动态感，使建筑创造出一种浪漫的色彩。夸张的变形，廊柱、拱窗、穹顶的巧妙的配合，使建筑物具有生活的情趣。它鲜明的装饰特征，给人留下了深深的印象。在建筑物上，繁缛的装饰元素、精雕细刻的细节描绘，营造出丰富充盈的感观效果。建筑物内部充满了天顶画、壁画、雕塑、玻璃镜子、灯饰等，处处都显示出耀眼的奢华。这种建筑总体上是宣誓性的，即炫耀财富和崇高。开始占有财富的新兴贵族阶层希望在社会上获得更多的话语权，同时彰显自己的社会地位，因此他们通过永久性的建筑来固化他们在社会上的地位，炫耀自己的力量。人们称这种建筑为“巴洛克”建筑。不过，巴洛克建筑在当时学院派的口中，是一个带有嘲讽鄙薄含义的词汇。“巴洛克”在葡萄牙语中，本义是一种奇形的珍珠，指其形状不规则和怪异的事物，引喻出一种偏离古典正统流派的艺术潮流。巴洛克建筑正是反传统的、颠覆性的又一次革命。新兴阶层正是通过这种标新立异，反传统、反规则的大胆的革命，来引起人们的注意，从而在社会层面获得更多的话语权。

巴洛克建筑在罗马兴起，也在罗马成熟。罗马的四泉圣嘉禄教堂则是其走向成熟的标志。法国在逐渐减弱了对哥特建筑的爱好之后，也加入了变革的行列，在建筑中采用了古典元素，形成了法国古典主义风格，转而过渡到巴洛克风格。卢浮宫是法国古典主义风格与巴洛克风格交织的经典杰作。在法国，有的巴洛克建筑底层是多立克式柱，第二层是爱奥尼式柱，第三层是科林斯式柱，三层柱式将建筑造成一种向上拉伸的感觉，顶部则采用巨大的穹顶结构，建筑的崇高感给人留下了深刻的印象。巴洛克建筑在罗马、巴黎风行之后，也传入德国、奥地利、英国以及欧洲的其他地区。巴洛克建筑形成了式样纷呈的多元化局面。它成了欧洲统一追求的建筑风格，不规则的反叛和运动的音乐感成了人们新的审美追求。巴洛克建筑是那个时代在宗教、文化、艺术和社会心理上相对统一的反映。“巴洛克”不仅成为建筑上的一种形式、一种风格，它同时也成了那个时代各种艺术风格的代名词。

在随后的年代里，有“太阳王”称誉的法国国王路易十四，为了显示王权取代教皇的胜利，耗费了50年时间，修建了凡尔赛宫，将建筑推向了另一个高峰。它体量巨大，气势磅礴，处处显现出王者的八面威风。特别是它的“镜厅”。西方人虽然当时还不会生产瓷器，但是他们已经掌握了玻璃器的制造，在玻璃的一面涂上水银，就成了镜子。但是这种镜子价格十分昂贵，路易十四国王竟然建造以玻璃镜子为主的镜厅，来显示王权战胜了神权的力量。镜厅内通过光影的折射，幻象出无数的景致，在虚实相间的演绎中，扩大了视觉的空间。宫殿内部处处精致奢华，富丽堂皇，金光闪烁。凡尔赛宫也成了贵族和妇人们每日出入的场所。整个建筑从外到内的这种奢华特征，被称为“洛可可”装饰风格。洛可可风格炫耀的是权势、财富，它在建筑中并不是一种革新，而只是在巴洛克建筑的基础上，将奢侈繁华发挥到极致，创造出一种“天国”般的景象。但是繁缛奢侈、富丽华贵毕竟不能长久，在喧嚣之后迎来的只能是久违的平淡。

## 现代主义建筑的兴起

19世纪以后，西方工业革命，新技术、新材料的出现，新的人文思想的崛起，使建筑的形态向更加人性的、合理的、更完善的方向发展。在工业革命中，钢铁的运用，钢筋混凝土的发明，玻璃的使用，都给建筑带来了新的变革。以德国格罗皮乌斯为代表的现代主义风格建筑的兴起，为城市建设带来了活力。形式和功能统一，实现功能的最大化。利用钢筋混凝土做支撑，大面积采用玻璃，使采光效果最大化，去掉一切装饰，使得结构简单，使用方便，节约成本，提高效率。包豪斯建筑风格是现代主义风格的起源，它以工业革命的全新技术和建筑理念，作为新兴建筑的基础，主张彻底摆脱传统模式的束缚，开创建筑的新局面。西方现代主义从新材料、新技术、新结构、新设计理念都是对传统的一次颠覆，一次革命。现代主义的这种“方盒子”建筑，在20世纪已经成为建筑的主流，但它也从来没有停止新的创新。

## 集中的固定模式

西方建筑打破传统，在不断变革中前进，但是在变化中，也隐含了不变的因素。除了古典建筑使用的石材没有变化外，西方建筑对外开放，对内集中的模式始终没有变。凡尔赛宫外面没有围墙，它不仅对贵族开放，而且规定男子只要衣冠整齐而且有佩剑就可以入内。所以普通民众甚至妓女、无赖也可以堂而皇之地进入宫殿。只要花钱就可以参观国王路易十四的饮食起居的任何活动。

西方建筑在发展中不断求变、创新，叛逆反传统，变革是西方的创新思维，这种变革是打破结构性传统的革命。从古希腊就存在的人文思想、民主意识，在冲破了神权思想的束缚后，掀起了文艺复兴运动，思想进一步解放，生产力发展，科学技术、文学艺术空前繁荣。

西方科学技术的进步，为建筑的繁荣创造了有利的条件，也给世界带来了深刻的影响。

中国古代建筑适应的是“天人合一”的理念，它创建了一个的宜居和逸情养性的人文环境。但是新技术、新材料的出现，使得中国古代建筑的建设机制被打破，它已经不适应社会发展的需要。

世界进入后工业社会后，西方出现后现代主义、结构主义、解构主义等新的流派，建筑形态发生了深刻的变化。社会上出现了一些标新立异、荒诞诡谲的所谓反传统的建筑，标榜是后现代建筑的新潮流。能源危机，自然资源的过度消耗，环境不断恶化，为人类提出了新的问题。建筑如何适应社会的需要，为人类创造一个宜居的生存环境，成为人类需要共同探索的问题。

# 第三节 中西方对建筑与园林关系的不同理念

自人类进入文明社会以来，任何文化形态从它的产生、发展、兴衰，都始终离不开那个社会所处的地理环境、生产方式、政权的性质，以及民族思想意识形态。

建筑园林是一个民族思想文化的产物，也是每个时代的历史记录。在历史发展的进程中，社会不断变化，思想文化不断进步，与之相应的建筑形态也会发生变化。中西方由于文化思想的差异，思想意识形态的不同，造成了中西方建筑园林具有不同的形态，不同的建筑风格，不同的审美取向，同时也反映了不同的文化内涵。

## 中国古人认为建筑是“阳”

中国古人认为建筑是主体，是“阳”。它代表正统、规矩、权力、伦理道德，是正统规制的产物。中国古人对建筑的要求既要符合规制的要求，又要适合群居，并有一个舒适的环境。

中国古人历来具有强烈的群居意识，因此建筑必须符合群居的要求。小农经济要求以家庭的力量来取代弱小的个体力量，以家族的合力来战胜自然灾害和外来势力的侵扰。长幼尊卑的伦理道德观念要求以群居的方式巩固家族的血缘关系，因此群居成了凝聚家族力量的最佳选择。从中国最早的半坡出土的建筑遗址看，当时就已经出现了“一明室两暗室”“前堂后室”的建筑布局。在1967年出土的汉代“陶楼”，更加明显地看出一个家庭居住的布局和整体结构。在我们祖先的思想中，“家”的意识是十分强烈的，而建筑则是这种思想的载体，是外在形式的体现。

汉代陶楼模型

从政治角度而言，为维护封建的中央集权制，需要创造一种便于管理的建筑模式，来满足巩固政权的需要。参照前秦时期的建筑模式，便形成了对外封闭，以中轴线为中心，一正两厢的建筑布局。“一正”的宫阙代表皇帝居中，它是政权的核心；“两厢”则是朝臣分居左右两边，处于从属的地位。城市的总体布局则是分别按君、臣、民的等级排列，封闭在一个四方城内集中居住。同时也形成了“前宫后苑”的格局。“前宫”代表处理朝政的位置，“后苑”代表皇帝嫔妃生活居住的位置。建筑是主体，是皇权的象征，处在中心的位置；建筑也是朝政、工作的地方，代表正统，处在主体的位置。

## 中国古人认为园林是“阴”

中国古人认为园林与建筑正好相反，处在“阴”的位置，它是与建筑对应的另一番天地，与建筑处在相对的位置。它代表闲适、安逸的情怀，是生活的象征，是休闲娱乐的地方，寄托的是人的情感，是人的精神家园。

从思想体系而言，道家崇尚自然，并发展了以自然美为核心的美学思想。这种美学思想与“天地大美而不言”“返璞归真”的理想王国相结合，就铸成了人们宁静致远、淡泊寡欲、潇洒飘逸的心态特征。

儒家也提出“天人合一”的思想，认为宇宙自然是一个大天地，人则是一个小天地。人和自然在本质上是相通的，故一切人事均应顺乎自然规律，达到人与自然和谐。

中国古代的《易经》有最朴素的辩证哲学思想，它强调宇宙间“乾”“坤”的相互运转，人只是万物变化中的一分子，“天、地、人”三者合为一体。因此《易经》中“天人合一”的理念和儒、道的思想是一脉相通的。园林正好承载“天地人合”这一共同的理想，成为人们的精神家园。

园林是休闲娱乐的场所，所以园林的修建具有比较大的自由发挥空间。特别是私家园林的发展，文人的参与，将山水画、山水文学引入园林中，通过掇山理水人造景观，丰富了园林艺术。在园林中建造藏书楼、斋堂馆所，运用楹联、匾额展现书法、金石篆刻等艺术，极大地提高了园林的文化气质，将园林建造成怡情养性、身心自由的天地。

私家园林的山水意境和文化气质，反过来也影响了皇家园林的建设。“宫”“苑”分置中的“苑”本来就是皇家园林。康熙、乾隆数次南巡，被那里充满了人文气息的园林吸引，多次让画家摹画那里的景致，在北京西山区修建“三山五园”和承德避暑山庄时加以参照，有的则是完全模仿。园林的景致和它浓郁的文化氛围也成了帝王们追求的理想环境。

至此，中国古代建筑与园林就形成了一个阴阳结合，相生相与，互为补充的整体。建筑与园林共同构建一个既具有规制，又适合人居住的舒适的环境。体现了中国古人“天人合一”的自然观和“与天地合其德，与日月合其明”的伦理道德观。

## 西方认为园林与建筑是不可分割的整体

反观西方建筑的象征意义显得更为重要。黑格尔在《美学》中指出：“在部分民族中，主要依靠建筑去表达宗教观念。建筑，作为个人和民族精神的据点，成为他们思想意识的焦点。巴比伦通天塔，是人类最早的杰出作品。”西方对宗教的信仰要远远高于中国。在埃及对于太阳神的崇拜，古希腊对于宙斯等诸神的崇拜，以至西方对于基督的崇拜都到了无以复加的程度。西方人历来喜欢建造巨大的建筑物，来表达他们对于神灵的膜拜。

西方建筑是集中布局，强调建筑的整体性。

西方早期的建筑物，如埃及的金字塔，古希腊的神庙，欧洲众多的教堂建筑都是对神崇拜的产物。每个神是独立的象征，因此，西方建筑物多是单独的一座或一组建筑物的群体结构，是一种集中式布局。有的建筑多是在原有建筑的基础上不断延伸，形成更大的一座建筑物。建筑物对外是开放的，从外观看，显得更加雄伟宏大，更具雕塑感，而不像中国的建筑对外封闭，对内是一种分散的院落布局。

在建筑理念上，西方把园林与建筑作为一个整体，园林是建筑的一部分，是建筑的延伸，建筑与园林是不可分的，园林的建造如同建筑一样是设计出来的。西方园林设计强调的是形式美、雕塑美、艺术美，因此它追求整体的比例、均衡、对称、整齐、节奏、色彩、质感等。凡尔赛宫花园采用建筑的设计理念，对园林加以统一规划和设计。建筑师没有将建筑物与园林分开，当成两个系统来处理，而是将实体建筑物作为统帅，处在园林的首要位置，周边的环境按照全面统一的规划与建筑物合为一个整体，以强化建筑的美学效果。凡尔赛宫从主建筑上居高临下，长长的轴线，放射形的条条大路，园林规划的整齐划一，连园林中的水体都按照几何形状，修成方形或圆形的，水岸线干干净净，连一棵杂草也没有。在那里找不到曲径通幽的惊喜，也找不到诗文引发的幽思，更找不到“廊引人随，步移景异”，景致逐步展开所体现的含蓄、曲折的优

凡尔赛宫花园

美感觉。在园林中只能乘坐马车快速游览，只能看，只能欣赏，不便休闲地散步或者歇息。尽收眼底的园林却连一座小山都没有，没有起伏的景致，没有凉亭、游廊这样适合休闲的辅助性建筑物，人们只能在草坪上，顶着烈日，席地而坐，娱乐或野餐。西方建筑是被人工雕琢的雕塑，而园林是“自然”被完全“人化”了的艺术品，西方的园林似乎是用来欣赏的，而不是休闲娱乐的，因此西方建筑与园林是一个整体，呈现的是一种雕塑美、艺术美。

由此我们不难看出中国古代建筑园林和西方古典建

筑园林的区别。但是，随着社会的发展，科技的进步，西方建筑也开始强调创建适合人类居住的环境，并以一种新的面貌出现在人们面前。中国古典建筑的建设机制已经不复存在，但是，中国古代园林建设秉承“天人合一”的理念，应是亘古不变的真谛，是人类追求的目标。

# 后 记

我从事科技工作几十年，退休后阅览了不少文学艺术方面的书籍。当我在艺术的海洋里漫步，或欣赏世界艺术珍品，或阅读中外名著和诗词时，内心的那种悦动、那种感觉是奇妙的、愉悦的、自由的、无拘无束的。当我阅读有关美学方面的书籍以后，一个全新的世界展现在我的眼前。此后，我比较系统地学习和研究美学与相关知识，做了大量的笔记，并将我的心得讲给大家听，他们都感到既新奇又有趣，很爱听。我还将一些文章发表在有关刊物和网上，得到朋友们的广泛赞誉，大家都希望我能把对美的感受传播出去。于是我将多年积累的文稿整理成这套《美的旅程》丛书，希望能带领更多的人去追求美，感受美带来的欢乐。

真、善、美是人生的三个组成部分，缺少“美”的人生是不完美的。“美”渗透在生活和艺术的各个领域，无时不在，无处不在。任何将各类艺术割裂开来，孤立地去欣赏或理解，都可能是窥豹一斑，一叶障目。人们看一张中国画，会有所理解，会受到一些启发，但再去看一张西方油画，感受就会又不相同。把这两种感受做一个比较，又会有新的启发。当人们去苏州园林游览时，会有一种中国水墨画的感觉。因为中国古代的文人、画家直接参与了园林的设计和建造，他们把中国画的意境在园林中加以表现，所以画中有景，景中有画，它们传达出来的审美情趣是相通的。没有比较就没有发现，通过认真比较，反复琢磨，人们发现了更有趣的东西，那就是“美感”，审美情感会一步步加深，对美的追求也慢慢地变成了一种自觉的行动。因此，将各门类的艺术综合起来，从大艺术的角度，用比较的方法，发现其中的奥秘，使人们能更好地了解什么是美，什么是美的情感，如何去审美。这种方法对培养人的审美观和审美能力，是很有益处的。本书不是从理论上阐述建筑的结构原理以及设计方法，而是了解中外建筑的基本造型、中西园林的概况，让大家在参观游览时有一种基本的印象，这是一种具体的审美的感知实践，因为审美的情感是需要诱发的。

这套丛书涉及美学基础知识以及中外的音乐、美术、雕塑、建筑、园林等方面知识。因为涉及的知识领域广博而深厚，在表述这样多的知识面前，难免会有许多不足之处，或者不够准确的地方，希望广大读者和有识之士提出宝贵的意见和建议，本人将不胜感激。

写这套丛书的时候，我得到很多人的帮助和鼓励。感谢我的大哥刘健积极鼓励我出版此书，并给予我大力支持；感谢我的老同学申若霞的推荐；感谢我的夫人周汉珍，亲自审阅修改书稿；感谢湖北美术出版社原社长余澜，无私地为我提供了大量的图片资料；感谢洪可柱、樊凤兰、彭少明、刘京涛、郭建、陈剑宇、刘辉、雷国栋、冷崇汉、孙阳春、何红雁等对我的支持和帮助；还要感谢石油工业出版社鲜德清副总编和王海英编辑等，我在此一并表示衷心的感谢。